Carnegie's Advice For Women

做内心强大的女人

〔美〕戴尔·卡耐基◎著

王辉◎编译

古吴轩出版社

图书在版编目（CIP）数据

做内心强大的女人 /（美）戴尔·卡耐基（Carnegie,D.）著；王辉编译．—苏州：古吴轩出版社，2012.12（2018.12 重印）

ISBN 978-7-80733-928-1

Ⅰ.①做… Ⅱ.①卡… ②王… Ⅲ.①女性—成功心理—通俗读物 Ⅳ.①B848.4-49

中国版本图书馆 CIP 数据核字（2012）第 250015 号

责任编辑：李宁军
见习编辑：潘　娜
策　　划：朝　晖
封面设计：胡椒设计

书　　名：做内心强大的女人
著　　者：〔美〕戴尔·卡耐基
编 译 者：王　辉
出版发行：古吴轩出版社
地址：苏州市十梓街458号　邮编：215006
Http://www.guwuxuancbs.com　E-mail：gwxcbs@126.com
电话：0512-65233679　传真：0512-65220750
出 版 人：钱经纬
经　　销：新华书店
印　　刷：天津翔远印刷有限公司
开　　本：710×1000　1/16
印　　张：14.5
版　　次：2012年12月第1版
印　　次：2018年12月第8次印刷
书　　号：ISBN 978-7-80733-928-1
定　　价：29.90元

前 言

“像你那样云淡风轻地笑，究竟要多么强大的内心才能做到？”现在的社会要求女人越来越独立，可不管你有没有拥有足够多的外在物质，内心强大才是真的强大。自我的修养，精神的塑造，即使身处恶劣的环境，也能把自己活得精致优雅，让人不可侵犯。

心性与心的锤炼，才能使内心真正强大起来。当你真正拥有强大的心灵，才不会受到任何外物的干扰。

卡耐基先生的著作《写给女人》一书，为我们提供了这样的精神指导。向昨天的你说再见。他告诉我们，做一个内心强大的女子，才不会在乎外界有多大压力，做一个内心强大的女子，才不会在乎什么样的人在她的生命中来了又去。

想要做一个内心强大的女子，要使自己始终走在路上。因为总是有那么多的回忆我们忘却不了，总有一些记忆在提醒着它的存在，因为一个内心强大的人，即使伤痕累累依旧可以坚持自己的脚步。

从生活上讲，一个女人的生活圈子有限。很多女人都是在家庭主妇的位置上，以家庭为核心，围绕着丈夫和孩子。每天面对的都是自己的家人，做一个内心强大的女人，除了家庭外，你需要有自己的生活圈子，即使是一朵娇艳的玫瑰，也需要阳光和新鲜的空气，不是吗？做一个有自我、有自己圈子的人。慢慢地，你就会发现，其实你也有魅力，你也很强大，强大到整个家庭都依靠你，丈夫孩子离开你生活会一团糟。

做一个有事业的女人，做一个在事业上能够独当一面的女人，你才会发现，这个世界如此渺小。当然，有自己的事业一定要爱自己的事业，这样才能做一个内心强大的女人。

在爱情上，女人不能过分地依赖爱情，对于远离你的那些男人，怀念一下就好了。因为每个人都有一段那样的时光，或许，在你为了他不吃不喝难过郁闷的时候，他正挽着另外一个女人的手。当你心里惦记四处打听他过得好不好时，他也许正在跟哥们儿炫耀，我就是这么有魅力，都分手了那妞还一直纠缠我。所以，不值得的事别再做了。那样疯狂的事情做过一次就好，你要知道，没有一个男人值得你那样为他付出。对自己不好的男人，你需要果断放弃，不管你有多么喜欢他。你要知道，你没有那么便宜，你很优秀，不用低三下四求谁爱你。

现在，无论是生活上，事业上，还是爱情上，也许你都不是一个强大的女人。但是，在未来的时光，需要努力把自己塑造成为一个内心强大的女子。坚信，有梦想的女人，内心强大的女人才会嫁给幸福。

目 录

目录

7 淡定是女人最深的味道

8 作出自己生命的决定

1

谁也别打击我，除了我自己

我们每个人都在追求自己想要的生活，理想使你强大，使你无惧，使你坚定。他让你在逆境中找到方向，在挫折面前更显无畏。内心强大的人，他们不但知道自己的优点，他们还清楚自己的缺点，他们时刻在完善着自己，让自己以最优美的姿态迎接每一个黎明的到来……

干吗为难自己，走起来

在这个世界上有很多东西值得我们去追求。但是，当你奔走在追求的路上时，千万不要和自己过不去，要按照自己的意志去做你想做的事，爱你想爱的人，成就你想要的事业，这样的人生才没有遗憾。

我们虽然没有能力拒绝所有的不幸和痛苦，但我们同样没有任何义务去承受任何忧伤和悲哀。人生是丰富多彩而又艰难曲折的；生活是美好而沉重的。成败荣辱、苦乐忧欢、坦途坎坷……对每个人都一样；马克·吐温说得好："谁没有蘸着眼泪吃过面包，谁就不懂得什么叫生活！"

我经常给学员们讲："贝多芬的一生是痛苦的，但他却咬紧牙关扼住命运的咽喉，用痛苦去铸造欢乐来奉献给世界。所以快乐起来吧，哪怕仅仅就为了——迄今为止，我们都还活着。"

我曾经问过很多女士们，最让你们快乐的事情是什么？大多数女士在听到这个问题后，都会回答说："哦！让我想一想，这还真不好说。"既然女士们认为回答这个问题有些困难，那就请你们先听听我的故事，也好借这个机会想一想。

有一次，我在英国伦敦的街上遇见了老朋友贝迪女士。我们有很多年没有见面了，于是我邀请她共进午餐，也借此机会叙叙旧。闲谈间，我发现贝迪女士变化很大，以前她是个十分忧虑的人，几乎每天都生活在痛苦和烦恼之中。而如今，坐在我对面的完全是一个幸福快乐的女人，在她脸上根本看不到一丝的不开心。我问贝迪："我真不敢相信，你的表现让我大吃一惊。告诉我，是什么让你赶跑了忧虑？"

贝迪笑了笑说："戴尔，你说得没错。这几年我真的很满意，我几乎每天都在想那些快乐的事。"

我说："那我真该祝贺你，因为你确实挺幸运的。"

贝迪摇了摇头，说："不，并不是我幸运，而是因为我自己每天都要让那些快乐的事在我脑海中萦绕。戴尔，你知道我最快乐的是什么吗？其实这些东西并不值得去称道。我现在很健康，而且还有一份不错的工作，另外，我有一个爱我的丈夫和可爱的女儿。这些东西是我终身的财富。"

其实，知道贝迪故事的人，都认为她是个不幸的人。她和丈夫经营了一家礼品店，礼品店因经济不景气而倒闭。她不仅赔上了所有的积蓄，而且还因此欠下了很大的一笔债。她用了7年的时间还清所有的债，当时的她认为自己失去了一切，也丧失了斗志和信心。但是，贝迪并没有沉沦下去，虽然她的境况没有多少好转。她依旧充满笑容地面对每一天的生活。人生有时好比钢琴，有黑键和白键，你不能只触黑键不触白键。所以，真正精彩的人生，是黑白交错，互相侵削，互相渗透的。

我想告诉朋友，别跟自己过不去，我们应该感谢生命，珍惜生命。人生旅途，应该为他人、为社会、为自己尽些心力。让别人觉得你不是可有可无的人，你的生命才有意义。

是的，人的一生就是金额早已填好的支票，就看你怎么去用。痛苦是一生，快乐也是一生；有为是一生，无为也是一生。可贵的是，我们这种亲切的态度对所有人都一样，没有人种、地域、民族的分别，但就只对一个人例外。没错，就是我们自己。

很多人告诉我，他们在做错事的时候经常会反复地自责：怎么我会那么笨？当时要是细心一点就好了。或是：我真该死，这样的错怎能让它发生？

女士们如果你还不相信，请再想想自己有没有犯过严重的错误，如果想得出来的话，那说明你仍在耿耿于怀，并没真正忘了它。表面上你是原谅了自己，实际上你是将自责收进了心里。我们可以对他人很宽容，难道自己就没有资格获得这种仁慈的对待吗？

犯错对任何人而言，都不是一件愉快的事情。一个人遭受打击的时候，难免会在那一段灰色的日子里，觉得自己像拳击场上失败的选手，被那重重的一拳击倒，头昏眼花满耳都是观众的嘲笑。那时，你会觉得已经没有力气爬起来了。但是你会爬起来的。不管是在裁判数到十之前，还是之后。而且，你还会慢慢恢复体力，你的眼睛会再度张开，看见光明的前途。

我们虽然是平常的人，但不代表我们就该承受折磨。我们唯一能做的是正视生活本身，在经历中不断学习，以确保未来不会发生憾事。接下来，我们应该获得宽恕，然后忘了它，继续往前行进。

我还想告诉女士们：世间任何事情都有一个属于它自己的限度，过了这个限度的话，就有好多事情都可能是极其荒谬的。我们应时常肯定自己，尽力发展我们能够发展的东西！只要尽心尽力，只要积极地朝着更高的目标迈进，我们就会保存向上的动力。

人的一生中会犯很多次错误，要是对每一件事都深深自责，一辈子都会背着一大袋的罪恶感过活，你还能奢望自己走多远？

所以，凡事不要苛求自己。要知道，每个人都有或这或那的缺陷，世界上没有完美的人，每个人也都会遇到这样或那样的困难。这样想，不是为自己开脱，而是使心灵不被挤压得支离破碎，永远保持对生活的美好期待和执着追求。要知道，生活中没有完美的事。记得一位哲人说过："同一件事，想得开是天堂，想不开是地狱。"既然如此，那么又何苦为难自己呢？

人生没有完美，只有更美

斯迈利·布兰顿博士写过一本名为《爱与死亡》的书，他在书中说：

“每个健康的人都有一定程度的自恋，这是正常的。自信是完成工作和取得成功所应具备的必不可少的因素。”

布兰顿博士说得棒极了。一个健康而成熟的人应有自己的人生态度，其中最重要的就包括“爱自己”。这不是在倡导骄傲自满。这是在要求我们对自己有清醒的认识，看清我们自身；同时要爱护自己，维护自己的尊严。

心理学家A. H. 马斯卢曾在《动机和个性》一书中提及“接受自己”这个概念。他说：“新动力心理学中有几个主要概念，那就是自主性、释放、人性、接受自我、推动意识和满足感。”

成熟的人不会在夜里辗转反侧地把自己的缺点同人家的优点相比，担心自己缺少比尔·史密斯的那种自信，或是没有吉姆·约翰斯那种进取精神和毅力。他会正视自己工作上的失误和自身的缺点，但他对自己的目标十分明确，而且干劲十足。

他不仅了解自己的缺点，还试着花时间去改正它。他像宽容别人一样宽容自己，不让自己在痛苦中挣扎。

我们像喜欢别人一样喜欢自己这一点很重要吗？心理学家说，我们不喜欢自己就没办法喜欢别人。有些人厌烦任何东西，憎恨所有人，其实，是没有自信的表现，他们有强烈的“自弃倾向”。

哥伦比亚大学师范学院的教授阿瑟·杰希德博士认为，教育工作应该帮助人们接受自己，培养他们健康的人生观和价值观。最近，他写了一本名为《当教师面对自己时》的新书。他在书中说，教师们在生活中充满了挣扎、满足和希望等情绪。可见，认识自我对每个人都有同等的重要性。

美国医院一半以上的病床上都躺着神经科病人，他们对自己有很严重的厌弃感。还有很多人忍受着精神及身体双方面的折磨。有一些病人很容易走极端，甚至不想活下去。造成这些不幸的原因千差万别，可现在我不想讨论这些。我认为，造成我们精神疾病的原因就是在这个竞争异常激烈的社会中对成功和名望的渴求，总想超过别人，所以强迫自己拼命地工作。我坚信，我们之所以情感错乱是因为我们对上帝缺乏坚定不移的信仰。

《不断进步——研究个性的自然发展》一书的某些观点十分引人注目，这本书是哈佛大学心理学家罗伯特·W. 怀特先生写的。在书中，他说到现在很流行的“调整自己，适应周围的压力是人的分内之事”的观点。怀特先生说：“这种惯性思维从产生的那天起，一直流行到今天。这使得有些人超过了某个人而使自己变得很狭隘，思维方式僵化，思想受到束缚，使自己被迫充当某种人生角色。但是，成功是需要靠自己的力量去成长、去完善、去实现、去创造的，你要脚踏实地、有创建性地去行动。一句话，成功靠的是自己开创性的行动。”

我对怀特先生的话十分赞同。很少有人能勇敢地独自站出来；也没有几个人懂得，我们所支持的东西到底有何意义。很多时候，社会和自己的经济地位决定了我们的行为。我们做日常之事的方式几乎与我们的邻居一样。如果我们感觉自己不适应周围的环境，就会感觉非常痛苦，神经过敏，失落迷惘，甚至厌弃自己。

几年前，有一个学生参加了我的讲座。以前，她就卷入过这种冲突中。她的丈夫是一名成功的律师，有能力，有野心，而且控制欲也很强。先生的朋友主导了家里的社交活动。在丈夫和他的朋友的眼中，在社会上有显赫的名望就是成功的标准。她为人谦虚而温和，在这样的气氛中，她感觉自己很渺小。没人会看到，也没人懂得欣赏她所拥有的美德。她开始怀疑自己是否有能力。日复一日，她感觉越来越压抑，他们的那种标准是自己永远无法企及的，她开始厌弃自己。

解决这个问题的办法就是：不去改变周围的环境，去改变自己。摆脱那种根据别人的标准改变自己的压力，自信地面对自己。要知道，每个人活着都有某种特定的意义。要相信，人并非是为了别人活着，而是要为自己活，活出自己的价值，这样，才会充满自信。

找回自信的第一步就是：不要用别人的标准来审视自己。要明白自己的价值，按自己的标准去生活，学会如何轻松地对待自己，不要过于批评自己。

那些人之所以厌弃自己就是因为他们过分地批评了自己。我们知道，适度的自我批评是健康而积极的，自我完善十分必要。但是，如果超过了一定的度就会适得其反，从而阻碍了自己的积极性。

多年前的一天晚上，我去一个培训班上课。下课后，一个女学生对我说自己讲得一点都不好，离自己的期望总是很远。

她对我说："我一开始讲话就立刻意识到自己不像班里的其他人一样镇定而自信，我又害怕又害羞。当我想到自己的那些毛病时，就更没信心了。最后，我根本无法把心里想说的话说出来。"

对于她的弱点，她又讲了另外一些细节。讲完后，我对她说："别老想你的缺点。讲演的失败在于你缺乏对自己理性的审视，而不在于你有缺点。"

不，不是我们的缺点毁了一次演讲或一个艺术创作。莎士比亚的剧本里有很多历史方面的错误，狄更斯的小说里有很多无病呻吟的伤感句子。可是，那些缺点完全不影响这些伟大作品的美。与它们震撼人心的美相比，它们的缺点显得那么微不足道。我们爱朋友也是因为他们的美德，而不是他们的错。

要实现自己的抱负就得靠我们的长处。我们必须克服困难，改正缺点，然后忘记那些缺点，轻松上路。

耶稣不会像考官似的问那些身体和精神备受摧残的人为什么会这样。他也不会只是无谓地同情他们，他从不说："哦，你真可怜，你真命苦。你适应不了周围的环境。你是怎么开始堕落的呢？"

不，耶稣会直截了当地切中问题的要害："我赦免了你的罪，去吧，现在，你清白了。"

以往的错误和现在的弱点使我们有很深的负罪感和自卑感，这是一种十分糟糕的心理状态。陷入这种情绪之中时，我们羡慕别人，厌弃自己。我们应该做的是抛开所有过往，勇往直前。

首先，要想学会欣赏自己，就要容忍自己有缺点。这并不是要我们降低标准，不负责任地混日子，而是要我们明白：包括我们自己在内，没有人总能保持十全十美的状态。这么期望别人不公平，这么期望自己也是十分愚蠢的。

几年前，我参加过一个协会，协会里有一位女会员，她是个十足的完美主义者。她挑剔自己做的每一件事。工作上，她在对手面前是骄傲的胜利者。她会花上几个小时苦思冥想每一份报告。发言时，她滔滔不绝，搞得下面的听众精疲力竭。那些不请自来的客人在她家从来都得不到热情的招待。她总是在家中聚会前事先安排好每一个细节。通过努力，这位女士在每件事上都做到了冰塑般的完美。她牺牲了快乐和温暖换取了她那乏味的完美。

强迫自己保持完美和自虐并无区别。我们和别人一样好还不行，我们还一定要超过别人，我们要像黑暗中闪烁的星星那样发着闪亮的光。我们是在和别人比试，而不是在以自己的才能去工作，我们只会在意别人是不是像崇拜偶像一样崇拜我们的完美。完美主义者也和普通人一样会失败，但他们不能面对自己已经失败的现实，他们憎恨自己，却不能战胜失败。

肯于放弃完美的女人，才能自我接受、自我肯定。

古语云："甘瓜苦蒂，物不全美。"从理念上讲，人们大都承认"金无足赤，人无完人"。正如世界上没有十全十美的东西一样，也不存在精灵神通的完人。但在认识自我，看待别人的具体问题上，很大一部分女人仍然习惯于追求完美，求全责备，对自己要求样样都是，对别人也往往是全面衡量。

每个人都可以做到认识自己，操纵自己，人的自信不仅是相信自己有能力有价值，同时也相信自己有缺点、毛病。一旦放弃了完美，就会明白每个人的两重性是不可能改变的。所以，女人应当保持这样一种心态和感觉：知道自己的长处、优点，也知道自己的短处、缺点；知道自己的潜能和心愿，也知道自己的困难和局限，自己永远具有灵与肉、好与坏、真与伪、友好与孤独、坚定与灵活等两重性。

总盯着自己缺点看的女人是傻瓜

有一次，我的演讲课上来了一位女学员。下课后，她找到我，向我抱怨自己的演讲没有达到她所期望的效果。女学员说：“这次演讲简直糟糕透了，因为当我站起来的时候，就已经认为自己简直愚蠢到了极点。我感到不自信、胆怯而且还很笨拙。可是，训练班上其他成员都显得准备充分，表现得非常有自信。这时，我更加害怕我的缺点，我真的没有勇气继续讲下去。”

我笑了笑说：“你说得很好，你把自己的缺点说得非常详细，也非常准确。但是我不明白，为什么你老是把眼睛放在自己的缺点上？你的演讲不好并不是因为你有太多的缺点，而是因为你没有把你的优点发挥出来。”

我个人觉得我所说的是正确的，因为这位女学员后来做得很不错。女士们，你们不应该老是盯着自己的缺点看，不去欣赏自己的优点。事实上，不管是普通人，还是那些在某一领域有所建树的人，在他们身上以及他们的成就上，都是存在缺点的。

很多人常常盯着自己的不足，这样就会在心中形成惯性。总认为自己有缺陷，这也不行，那也不行，久而久之，就会失去信心和创造力，沉浸在烦恼中，无法自拔。这样，你不但无法弥补缺陷，反而会增加自己的烦恼。下面我给大家讲讲拿破仑的故事：

拿破仑的父亲是一个穷困潦倒却又十分高傲的科西嘉贵族，他把拿破仑送进了地处布里恩的一所贵族学校。在这里，拿破仑必须交往的同学，大都是一些经常夸耀自己富有而讥讽拿破仑家庭贫穷的势利小人。小拿破仑的自尊心被深深地刺伤了。尽管，这引起了他强烈的愤怒，但他对此却无能为力，只能屈服于这种外在的威势。

后来他实在忍受不下去了，就给他父亲写了这样一封信："我忍受着这些外国孩子的嘲笑，但实在懒得费力气向他们解释我的贫困了。他们唯一值得向我炫耀的便是金钱，至于说到高尚的思想，这一点远远在我之下。难道在这些富有而高傲的人面前我就永远只能谦卑地活下去吗？"

"我们很贫穷，但是你必须在那里把书念完。"这是父亲对他的回答。

因此，他在那所学校坚持了5年，经受了长期的折磨。但是那里的每一次嘲弄、每一次欺侮、每一次轻视的态度，都使他增加了一定要好好做人的决心。他要以实际行动让这些愚蠢的富人们看看，他确实比他们优秀很多。

那么，他是怎样做的呢？这绝对不是一件容易的事。他没有任何的空口自夸，只是在心里暗暗地计划着，决定把这些没有头脑而又傲慢的人作为通向权力、财富和名誉巅峰的桥梁。

通过努力，拿破仑在16岁的时候当上了少尉。就在这一年，他遭受了一个重大的打击——他父亲去世了。这样，他不得不从他微薄的薪水中抽出一部分来供养他的母亲。而且，他第一次接受军事差遣时，必须徒步走到瓦伦斯加入他的队伍，路程非常遥远。想想看，还会有谁在事业起步的时候遇到过比他更倒霉的事情呢?

他每天很早起床，等他赶到部队时，发现同伴们把空余的时间都用在追求女人和赌博等事情上。他那不被别人欣赏的身高，使他没有优势得到前者；同样，他的一贫如洗也使他失掉了参与赌博的资格。于是，他转变思路，将埋头读书作为和他们竞争的方法。和呼吸一样，读书是一件自由而不受限制的事情，而且当时他们还可以到图书馆免费借阅图书，这使他获益匪浅。

他从不去漫无目的地读一些杂乱无章的书，也不是以读书作为消遣的方式，而是把读书作为实现自己理想的途径。他决心将自己的才干与能力展现给世人，并把它当做自己选择图书类别的指引。当时，他住的房间狭小而憋闷，他孤独一人住在那里，经常是闷热难当，人也面如土色，但是，他从来没有停止过努力。

后来，他在这几年苦读中所做的读书笔记被印了出来，共有400多页。在这些文字中，他把自己想象成一个总司令，描绘出了科西嘉岛的地图，并在地图上标明应当布置防范的地方。他运用数学方法对所有的一切进行了精确的计算，由此他的数学才能也得到了提升。他的长官发现拿破仑很有学问，便把操场上一些极复杂的计算工作派给他做。他漂亮地完成了那些工作，于是又获得了别的机会。在全世界都对将来的情形一无所知的时候，拿破仑已经走在通往权势的路上了。

一切情形都因此而改变了。从前嘲笑过他的人，现在都簇拥到他周围，想从他的奖金中分得一点；从前轻视他的人，现在也都希望与他成为朋友；以前贬低他矮小、无能、死用功的人，现在都对他说着赞美的话。他们都成了拿破仑忠心的拥戴者。

这种奇异的改变是上天所赐予的还是拿破仑不懈的艰苦劳作所创造的呢？他确实很聪明，而且肯下苦功。不过，还有一种比知识或艰苦努力更为重要的力量在驱使着他，这便是他想优越于那些戏弄他的人的“野心”。

如果他当初并没有因为贫困而被那些同学嘲笑；如果他的父亲允许他中途退学；如果他没有经受被人贬低捉弄的痛苦，那又会是怎样的一种情形呢？有一点可以肯定，那就是，如果那样的话，拿破仑就不会成为世界上妇孺皆知的大人物。这一切不幸恰恰造就了他这样一个伟大的人物。在这些不幸的历练中，他深谙一个秘诀，那就是只有通过克服自己的缺憾才能走向胜利。

卓越人士对改造生活充满了必胜的信念。他常常不满足于自己所处的环境，这种不满不会使他产生任何抱怨和不快的情绪，反而令他充满了热忱。从而决心为改变自己的环境而做一些事情，而且一定要做出成绩来。

身处逆境的拿破仑，为改变自己的命运做了许多艰苦卓绝的努力，这是我们尊敬他的原因。同时，我们也希望自己能像他一样，为改变自己的命运努力做点什么。如果我们尝试着做了一件有价值的事，却遭遇了失败，我们便以各种借口来掩饰自己，这不就是在为自己的缺憾找借口么？缺憾应当成为促使我们不断向上的动力，而不可以作为宽恕自己或自甘堕落的理由。缺憾是一种暗示，它在暗示你在此基础上应当做更多努力。

一个乞丐来到一座庭院，向女主人乞讨。这个乞丐的手连同整条手臂都断掉了，只剩下空空的袖子晃荡着。可是女主人毫不客气地指着门前的一堆砖对乞丐说："你帮我把这堆砖搬到屋后去吧。"

乞丐生气地说："我只有一只手，你还忍心叫我搬砖。不愿给就不给，何必捉弄人呢？"女主人并不生气，俯身搬起砖来。她故意只用一只手搬了一趟砖说："你看，并不是非要两只手才能干活。眼睛别总盯着自己的不足，我能用一只手搬砖，你为什么不能呢？"

乞丐怔住了，他用异样的目光看着眼前这位妇人。终于，他用唯一的手搬起砖来，整整搬了两个小时，才把砖搬完。他的头发被汗水濡湿了，贴在额头上。

妇人递给乞丐一条雪白的毛巾，又递给乞丐20元钱。乞丐接过钱，很感激地说："谢谢你。"妇人说："这是你自己凭力气挣的工钱，不用谢谁。"

乞丐说："我不会忘记你的，这条毛巾也留给我作个纪念吧。"说完他深深地向妇人鞠了一躬，就上路了。

若干年后，一个很体面的人来到这座庭院。他西装革履，气度不凡，美中不足的是，这人只有一只左手，右边是一条空空的衣袖。来人俯下身用一只独手拉住有些老态的女主人说：

“如果没有你，我还是个乞丐，可是现在，我是一家公司的董事长了。”

老妇人说：“你不用谢我，你应谢的是自己。你之所以取得了成功，是你没有因不足而感到烦恼，也没有把目光锁定在你的缺点上。”

一个人不可能全身只有缺点，即使是乞丐。人人都有优点，只是有些人不善于发现，将自身的优点掩埋在了缺点之下。我们要试着去挖开缺点那层厚厚的土，找寻优点的“根”。

其实，有时候人们一味让自己躲藏在困难的后面，这是最不可取的态度。自卑感的滋生是因为我们动不动就被困难吓倒。久而久之，也就没有什么敢做的事情了。那么，一个人应该在什么时候坦然地面对自己的缺陷？

如果你只有一条腿，你有必要勉为其难地要求自己做一个长跑运动员吗？当然不！如果你没有那么绝色出众的容貌，也就没有任何必要去参加选美大赛了。

在这种情形下，如果一个人确实在某些方面存在着自身不可更改的缺陷，就没有必要总和自己较劲，争强好胜地拿自己的缺陷去和别人的优势比较。

一个矮小的人想以体格来炫耀自己，这是一件多么愚蠢的事情！一个粗鲁的妇人要勉强扮出娇羞模样，“东施效颦”，这是多么可笑的事情！

同样，敢于承认自己在演说方面的缺陷，正是富兰克林能成为伟大人物的原因之一。他说：“我是一个很糟糕的演讲家。虽然我基本上能够表达我的意思，但是我不善于以词动人，我在用字方面常常要思考良久，也很难做到用字得当。”这并没有让他气馁，为了弥补自己演说上的弱点，使别人信服，他采取了别的办法。他用间接或缓和的方法提出议案，在保持平和的意见时，还能主动承认自己的不足。他明白，仅仅靠巧妙的言语是绝对得不到胜利的，正是他的弱点给了他这样的经验。相反，如果他是一位杰出的演讲家，他根本不可能获得这种宝贵的经验。

放下，让心灵轻装前行

在我年轻的时候还不够成熟，不过已经有一些事业。我在纽约建了一个比较大的成人教育补习班，而且还在很多地方设立了分部。每个人都知道要维持这样一个庞大而纷杂的机构是需要很多经费的。但是我并不担心，因为我相信我将来收获的利润会很大。当时我的确很忙，没时间去管理什么财务问题。更要命的是，当时我根本没意识到请一个好的业务经理的必要性。

最后，现实给我上了生动的一课。我发现，虽然我的收入非常多，然而这似乎并没有给我带来任何利润。其实，如果我及时总结经验教训的话，相信我也不会损失惨重。然而，那时的我却没有那样做。

我当时的情绪低落到了极点，每天都沉浸在无限的痛苦和忧虑之中。那段时间，我每天吃不下饭，睡不好觉，体重也下降了很多，精神也十分恍惚。必须承认，在这次大错误之后，我非但没有及时改正，反而又犯下了另一个错误。

不知道现在的女士们是否能理解我的苦心，是否明白我究竟在说什么。我知道，很多女士会不以为然地说："戴尔先生：我真不明白你为什么会浪费这么大的篇幅重复这句老掉牙的话，它有用吗？我不觉得他有什么特别之处。"女士们如果这么想就大错特错了，因为这些话确实包含了人类最宝贵的智慧结晶。

实事上，我们很多人都不能把自己从过去的痛苦中拯救出来。他们没有把心里的重负放下，这种做法带来了什么结果呢？

前不久，我回到密苏里州去看望我的姑妈，我们有很多年没见面了。她埋怨我为什么一直不来看她，但看得出来，姑妈显得很高兴。可是，就在我问起表妹朱丽亚时，姑妈突然变得悲伤起来。姑妈告诉我，朱丽亚从一年前就开始变得沉默寡言，不愿意与人交往。这些都还是小问题，最主要的是朱丽亚表妹每天都只吃很少的一点儿东西，把自己关在房间里，搞得身体越来越虚弱。我忙问姑妈到底是怎么回事，姑妈对我说，朱丽亚在一年前谈了一个男朋友，一个非常不错的小伙子。两个人相处得非常好，彼此也很爱对方，最后已经发展到谈婚论嫁的地步。可是，就在这时，那位小伙子被一场车祸夺去了年轻的生命，离开了朱丽亚。从此以后，朱丽亚变得郁郁寡欢，终日以泪洗面。

后来，我曾经试图和朱丽亚沟通，劝说她重新振作起来。可是，朱丽亚根本听不进去，并告诉我，自己这一生都要独自守候男朋友。说真的，我为有一个如此忠贞的表妹感到自豪，可我并不赞成她的这种做法。的确，男朋友的死给她带来了很大的打击，也一定会让她很伤心。我个人认为，消沉一段时间是很正常的事情。可是，如果朱丽亚一直这样消沉下去，那么她失去的将不仅仅是男朋友，还包括她的健康和一生的幸福。

我想，大多数女士都会有这样的想法，认为我的表妹太傻了，不应该为了一段已经过去的感情而放弃了以后美好的生活。的确，女士们的想法很对，然而很多女士在面临问题的时候却往往会做出和我表妹一样的傻事来。

华盛顿婚姻家庭研究机构主席，两性心理学专家鲁贝尔·勃兰特曾经说："很多女性在遇到一些问题，特别是情感问题的时候，往往会变得丧失理智。她们变得非常执着，不懂得放弃的重要性。在她们眼里，只有过去所拥有的，而没有未来将要出现的。那个时候，没有什么东西会让她们害怕，因为她们心中只有那唯一的目标，不管是对是错。"

那么究竟怎样做才是明智的呢？只有一种做法是最有价值的，那就是冷静地分析我们所犯的错误，然后从中分析出经验教训，接着再把这些错误全部忘掉。

在我最敬佩的人中，有一位名叫劳拉·夏德的女士。她曾经在美国一家著名的报社做编辑。有一次，她邀请我去参加州立大学毕业班的讲演。那次演说非常精彩，很多学生都听得入迷了。突然，夏德女士问道："请问同学们，你们有谁在家帮助父母干过锯木头的活儿？"话音刚落，很多学生举起了手。夏德女士笑了笑，继续问道："有哪位曾经锯过木屑？"这时，没有一个人举手。

夏德停了停，说道："我知道，没有一个人肯去锯木屑。原因很清楚，因为木屑都是被锯下来的，没有任何意义。实际上，过去的事情也一样。我希望你们能够明白，当你们为那些已经发生过的事情感到忧虑的时候，你们就已经开始在锯木屑了。”

女士们，我真心希望你们能记住夏德女士的话，因为这对你们摆脱忧虑，放下曾经，有着至关重要的作用。在我的培训班上，很多女士都不止一次和我说，她们以前曾经做过什么错事，这些事一直埋在她们心里，让她们感到后悔不已，直到如今还不能从心里把它放下。这些女士太可怜了，因为她们一直生活在痛苦和忧虑之中。其实，放下过去，忘却痛苦，心灵才能得到真正的解脱。

内心也偶尔需要“格式化”

人类百分之七十的烦恼与心情有关。在生活中，我们常会有各种沉重的负担。这些负担会压迫你的心灵，限制你的行动。如果心理负担过重，生活就会变得枯燥、单调、步履维艰。但是，当我们放松心情，轻装上阵时，所有的技巧便能自然涌现出来为你所用。

在现实面前每个人都有各种各样的烦恼。如果我能解决这些烦恼，就不会坐在这里写书了，而是坐在白宫总统身边。但这也不代表我们毫无办法，我们可以找这方面的心理专家进行咨询，或者去查阅相关的书籍，也许从里面你会找到相关的解决办法。

凯茵被网球俱乐部的莎莉击败时，惊吓与羞愧的情绪交错其中。其实论实力莎莉根本就不是她的对手。

凯茵是个实力很强的运动员，不论是游泳还是冲浪，都表现得比同龄选手杰出。在网球方面，她更是佼佼者。上一年，她赢得了好几个比赛冠军，可以说是风光的一年。但奇怪的是，她当时并没有全力以赴，经常是以“轻松打”的心态来迎接比赛。

在生日的时候，凯茵用塔罗牌占卜流年运势，知道自己将会有个“好运旺旺的一年”。因此，凯茵这么想：上一年我只不过是随便打打，就有这么好的成绩，要是我开始加倍努力、勤奋练习、全心投入，那将会取得什么样的成绩呢?

于是凯茵找出所有网球录影带和相关书籍，加强技巧，并且将原来在比赛前一晚喝点小酒放松一下的习惯也改了。她吃得更健康，以保持最佳状态。

比赛那天，凯茵信心满满：“我一定可以把对手打得灰头土脸”。

然而，比赛中，凯茵一直试图想起书中的重点，现学现用，可是不知怎么的，总是会慢一步，脑子里只想“我表现得如何”。她全身神经都绷紧了，没法让自己的身体和精神放轻松。最后，她输给了实力不及自己的莎莉。后来，凯茵突然醒悟：“当我喜欢自己的表现而且不把它看得那么重要，也不要刻意去分析每一个挥拍反击的动作时，我的成绩通常比较好。原来这就是所谓的把心放在球场打球。”

凯茵学到了一个宝贵的经验：如果在打球时，心中想的是运球动作和球技分析，就很容易犯规、表现呆板，且对敌手的回击缺乏应变力。有时候成功的欲望太过强烈反而不易成功，倒是轻装上阵更容易成功。因为，轻松的状态能让人心情愉快，从而减少心灵的束缚，最大限度地释放自己的潜能。

我的朋友劳伦斯曾这样告诉我：人们在面对压力的时候，总显得极度烦躁，这样反而会给你的生活带来更多负面的影响。劳伦斯和她的女儿住在加州的一个小镇上，是一家商店的老板，她把自己如何获得好心情的过程讲了出来：

我经常烦恼，没有一天不生活在重压之下。丈夫抱怨我，说我的脸每天都绷得紧紧的，像一面没有生气的鼓；女儿甚至说我像僵尸，上学前不愿亲吻我……

我决定改变自己这种状态。回到商店后，我以愉快的心情与每一位顾客打招呼；回到家里，当丈夫看到我一边哼着小曲一边把大衣挂在衣柜里时，他主动上前拥抱了我；还有我的宝贝女儿珍妮，也给了我一个甜甜的吻。现在，我感觉到放松心情的好处了。

我们时时刻刻在进行思考，但生活的本质却持续变动。当思想变得严谨、条理化、过于刻意时，自然呈现出因循守旧、按部就班的行为模式。反之，当我们的心智没有负担，除了让意念自由游走，别无所求时，正确性思考就会在我们需要它的时候不请自来。

人，只要活着，无论处于哪个年龄段，总躲不过生活压力的挑衅。生老病死、家庭不和、邻里纠纷、亲朋反目、下岗失业……痛苦就像是人身体中的“死结”，如不及时清理疏通，就会殃及我们的健康甚至生命。

然而，无论多么痛苦的回忆，我们都可以把它看做是人生影片的一个插曲，这个片段中的感情色彩是悲是喜，由我们自己来决定。

海伦刚结婚不久，她的丈夫便在一次出差途中因遭遇车祸而身亡。等海伦失魂落魄地赶到时，丈夫的躯体已躺在殡仪馆里了。刚料理完丈夫的后事，海伦又不幸被查出患有乳腺癌。

朋友们得知海伦的消息后，担心她想不开，便决定晚上轮流上她家陪她过夜。出人意料的是，每一个上门的朋友都发现海伦并不像她们想象的那样悲观、憔悴。相反，她把一个人的日子过得有滋有味、有声有色。

朋友们疑惑地问海伦，海伦依旧一脸浅浅的笑。她平静地说："生命是脆弱的，我们不能让它承受太多痛苦的记忆，虽然记忆有时也是一种快乐，但是忘却一些不快乐的记忆也是一种幸福。让有快乐往事的人永远记着快乐，让有痛苦往事的人永远忘却痛苦，生活会因此而丰富起来。所以，我总是把自己的记忆'格式化'，只留下美好的事情。"

海伦是一位懂得生活的女子。她知道痛苦是一种病毒，若不急速对它进行处理，后果就是"主机"全盘崩溃。我们都只是普普通通的凡夫俗子，哪里经得起如此多的痛苦，所以，我们只能对记忆进行选择性删除。尽管记忆是极其重要的，但是将不美好的记忆忘却，也是一种幸福。

不要让自己的心灵太疲惫

不要让自己过得太疲惫，其实说到底，这是一种心态。如果我们都学会了调整自己的心态，相信我们都会过得很好。

美国权威心理学家——认知心理学创始人艾伯特·埃利斯指出：人的一生中总会犯很多错误。如果对每一件错事都深深自责，一辈子背着愧疚生活，是不能走太远路的。犯错误对任何人而言，都不是一件愉快的事情。一个人遭受打击的时候，难免会消沉，总关注它人生中似乎困扰太多，快乐太少。

一次，有一件事情使我非常难以忍受。为此我失眠了好久，那段日子过得真是痛苦不堪。后来，我明白了要接受不可能改变的事实这个道理。我真觉得自己做了一件傻事，居然为了一件不可改变的事情对自己进行了一年的精神虐待！

好几年前，我就已经开始背诵惠特曼的诗句：要像树和动物一样，勇敢去面对黑暗、暴风雨、饥饿、愚弄、意外和挫折。我曾做了12年的放牛人，但却从来没有看见一头母牛发怒过。哪怕是草地因缺水而干枯，天气寒冷，或者是一头公牛去追求别的母牛了。动物不仅能平静地面对这些，还有黑夜、暴风雨、饥饿等，而且他们从来不会精神失常或得胃溃疡，也从来不会发疯。

这并不是对你说，无论碰到什么挫折，都要俯首帖耳、低声下气。肯定不是这样的，那是宿命论者的想法。不论发生了什么意外，只要还有挽救的机会，哪怕是一点点，我们都要全力以赴争取。但有些事，是无法避免的，也不会再出现转机。碰到这种情况，理智就告诉我们，不要再白费力气挣扎了。

哥伦比亚大学已故的霍基斯院长曾对我说，他写了一首打油诗，这也可以说是他的座右铭：

世间疾病多，数都数不清，

一些可挽救，一些难治好。

如果有希望，就应把药找，

若是没办法，干脆就忘了。

在写这本书的时候，我曾拜访过很多著名的美国商人。他们成功的经验中有一条让我印象很深刻。那就是，他们中的很多人面对无法避免的事实，都能坦然接受，并依旧过着开心快乐的生活。否则，他们就会被更大的压力打垮。我这里举几个例子你就知道了。

众所周知，潘尼是全美潘氏连锁店的创始人。他曾经对我说："即使我赔光了所有的钱，我也不会担心。因为我没发现担心对我来说有什么好处。我能做的，就是全力以赴做好现在的事情。无论发生什么意外，我都要坦然接受。"

亨利·福特也曾对我说过类似的话："对于那些我没办法处理的事，我就让它们自己解决。"

克莱斯勒公司的总经理凯勒避免忧虑的方法也是这样的。

他说："要是有棘手的事情发生，只要我能想到办法，我肯定会努力解决。要是解决不了，那我干脆什么都不做。我从不会对未来担心，谁也不知道将来会有什么情况发生。因为未来的可能有很多种，谁也没法说清楚这些影响未来的因素藏在哪儿。既然如此，忧虑又有什么用呢？"听到这些话，你可能觉得他像一个哲人。他对你这种说法可能会惭愧，事实上他只是一个明事理的好商人。可他说的道理，却跟19世纪之前罗马哲学家伊皮托塔士的理论有着惊人的相似之处。伊皮托塔士对罗马人说："没有其他的快乐方法，除非是不去担心那些无法控制的事。"

著名女演员莎拉·班哈特是最懂得如何应付那些令人烦心的事情了。从艺的50多年来，她一直都是各大剧院里皇后级的影星，也是全世界观众最喜爱的演员之一。但是，71岁那年，她损失了所有的钱，破产了。更不幸的是，根据医生的说法，她的腿也必须锯掉。

莎拉·班哈特在一次横渡大西洋的旅途中，遇到了暴风雨。她跌倒在甲板上，腿因此受到重伤，后来又感染了静脉炎和腿痉挛。医生觉得她不应该再忍受这种剧烈的痛苦了，认为应该把她的腿锯掉。在医生看来，这是非常可怕的消息。他担心莎拉无法接受这个事实，因此不知该怎么跟莎拉说。当他硬着头皮告诉莎拉这件事的时候，没想到莎拉看了他一眼，冷静地说："要是非这样做不可的话，那就按你说的做吧。"她说这些话的时候，表现得很平静。她坦然地接受了命运的安排。当这位勇敢的演员被推进手术室的时候，她的儿子禁不住哭了，母亲朝他挥挥手说："不要担心，我一会儿就回来了。"

手术之前，莎拉一直背诵她演过的一场戏中的台词。旁边有人问：“你这样做是不是为了给自己打气？”她回答道：“当然不是。我这是为了让医生和护士们没有压力，让他们高兴起来。”手术结束后，莎拉逐渐恢复了健康。她一如既往地环游世界，在此后的7年时间里又为观众展示了她那迷人的风采。

艾尔西·迈克密曾在《读者文摘》里说：“我们不再为那些无法改变的事情烦恼，我们的精力就可以用来创造更丰富多彩的生活。”

一个人的感情和精力都是有限的，无法同时兼顾抗拒无法避免的事和创造新生活，他只能选择其中一种生活。要么在无法避免的暴风雨面前忽略它，创造新的生活，要么努力抗拒它然后再被它摧毁。

世界很烦躁，淡定的心态很重要

在我们身边，经常会看到这样一些女士：她们脾气暴躁，有时候为了一点小事就会大发脾气，倘若稍不如意，她们也会愤怒不已、火冒三丈。虽然女人不一定都像男人那样脾气火爆，但还是很容易丧失理智，从而出言不逊，导致人际关系受到影响。当然，我知道，很多人在冲动地发怒之后都会追悔莫及。

我理解女士们的心情，当她们遇到不公正的待遇或是受到委屈的时候，选择发脾气这种方法来宣泄，的确是个不错的主意。然而，女士们有没有想过，这种方法能给你们带来什么？能够让问题得到解决？女士们，你的这种做法只会换来别人的反感、厌恶甚至反抗。

曾经有一位女士对我说，因为在当今的美国，如果你不能以愤怒来反抗一些事情的话，就不能给自己争取到合理的权力。事实果真如此？我不这么认为，因为我的朋友蒂娜女士面对吝啬的房东，不但没有烦躁，而且很顺利地达到了她的目的。

蒂娜女士住在纽约市中心的一家公寓里。前段时间，她的经济状况出现了一点问题，而这时房东却突然提出要提高她的租金。老实说，蒂娜女士当时真的非常气愤，因为房东的行为的确有点“趁火打劫”。不过，最后还是理智战胜了发热的头脑，蒂娜女士决定采用另一种方法来解决这个问题。她给房东写了一封信，内容是这样的：

亲爱的房东先生：

我知道，现在房地产的行情的确很紧张。因此，我能够理解您增加租金的做法。我们的合约马上就要到期了，那时我不得不选择立刻搬出去，因为涨钱后的房租价格对我这样一个工薪族来说有些难以接受。说实在的，我不愿意搬，因为现在真的很难遇到像您这么好的房东。如果您能维持原来的租金，那么，我很乐意在这里继续住下去。虽然这看起来似乎是不可能的。

效果如何呢？那位房东在接到蒂娜的信后，马上找到了她。蒂娜很热情地接待了房东，并且一直没有谈论房租价格是否过高的问题。蒂娜只是不断地在和房东强调，她是多么喜欢他的房子。同时，蒂娜还不停地称赞他，说他是一个深谙管理的房东，而且表示愿意继续住在这里。当然，蒂娜也没有忘记告诉房东，自己实在负担不起高额的租金。很显然，那个房东从来没有从“房客”那里受到过如此之高的评价。他显得很激动，并开始抱怨以往那些房客的无礼。因为在此之前，他曾经接到过14封信，每一封都是充满了恐吓、威胁、侮辱的词语。最后，在蒂娜女士提出要求之前，房东主动提出要少收一点租金。蒂娜又提出希望能再少一点，结果房东马上就同意了。

后来，蒂娜在和我谈论起这件事的时候说：“我真的很庆幸当时以平和的态度来处理此事。”是的，女士们，这就是平和的心态带来的好处。它能让你找到解决问题的最佳途径。

女士们，假如你的财产被别人破坏；你的人格受到别人的侮辱，你们会怎么办呢？我想，女士们一定会说：“那还能怎么办？当然是做好一切准备，和那些可恶的家伙大干一场。”如果小洛克菲勒在1915年的时候也和你们的选择一样的话，相信美国的工业史就要改写了。

那一年，科罗拉多州爆发了美国工业史上最激烈的罢工，而且时间持续了两年之久。那些工人显然已经愤怒到了极点，要求小洛克菲勒所在的钢铁公司为他们增加薪水。在没有得到满意的答复时，失去理智的工人开始破坏公司的财产，并将带有侮辱性词语的标语贴满了大街。虽然政府已经派出军队镇压，还发生了流血事件，但罢工依然没有停止。

如果真的按照上面那些女士的想法去做，相信她们一定会要求政府严惩那些“暴徒”。可是，小洛克菲勒却没有。相反，他会见了那些罢工的工人，并且最终赢得了很多人的支持。这一切都要归功于他那篇感人肺腑的演讲。

在演讲中，小洛克菲勒非常平静，没有显出一点愤怒。他先是把自己放在工人朋友的位置上，接着又对工人的做法表示理解和同情。最后，小洛克菲勒表示，他愿意帮助工人们解决问题，而且他永远站在工人一方。

最后厂方和工人达成一致协议，事情解决得还算圆满。

能够做到平静、理智地去解决所遇到的各种问题，这对女士们的身心健康也是非常重要的。女士们回想一下，当你们想要爆发的时候，是不是有这样的感觉？你们会不会觉得心跳加快、血压上升，呼吸也变得急促起来。没错，这是由于交感神经过于兴奋引起的。洛杉矶家庭保健研究协会主席阿马尔·杜兰特曾经说：“那些爱生气的人很容易患上高血压、冠心病等疾病。同时，情绪上太波动还会使人感觉食欲不振、消化不良，从而导致消化系统疾病。而对于那些已经患有这些疾病的人，发脾气也会使他们的病情更加恶化。”

我不知道女士们是怎么想的，因为我以前也曾经为了一点小事发脾气。不过幸运的是，我现在已经不会了。因为我已经有了一套很好的解决办法，那就是保持内心的淡定。

也许这个方法并不一定适合所有的女士，但却能给女士们提供一些建议。你们不妨把它当做蓝本，然后再结合自己的情况做出调整。我相信，做到这一点的女士们在烦躁的社会中，找到属于自己的幸福并不是一件不可能的事。

2

人在旅途，温暖地找乐儿

有一条路不能选择，那就是放弃；有一条路不能拒绝，那就是成长；有一条路，由你自己掌握，那就是爱。你要的比别人多，就必须付出得比别人多。人生最美的一面就是他追寻理想的脚步，就像一个钱币最美丽的状态不是静止，而是当它像陀螺一样转动的时候。没人知道，即将转出来的那一面，是快乐还是痛苦，是爱还是恨。作为女人一定要抓住人生短暂的美丽，享受人生的快乐。

爱他，就大声说

爱情是世界上最美好的东西，也是最适宜身心的精神食粮。对于每一个人的精神来说，都需要靠爱才能得以生存和成长。如果一个人失去了爱，感受不到爱的温暖，那么他的良心、道德心就会被现实扭曲，甚至发生很可怕的变化。

著名心理学家波尔特说:“在一般情况下，所有人，特别是那些很普通的人，能够说出的最正确的话就是：他永远不会认为别人的爱已经非常足够了。同时，也不会认为别人给予他的爱已经让他感到满足了。事实上，每个人都对爱有着渴求甚至贪婪的态度，都希望从别人的身上获得更多的爱。”

的确，爱在人类生活中有着十分巨大的潜力，比之原子弹爆炸的威力都不为过。女士们是否相信，爱可以让你们的每一天都产生奇迹!为什么？因为你对你丈夫纯洁、真挚的爱会成为他努力工作的动力。我想女士们都有这种感受，当你真心爱一个人的时候，就会心甘情愿、全心全意地为他去做任何事，目的就是让对方感到幸福、快乐，并帮助他获得成功。

女士们一定很奇怪，我为什么会在这里和你们大谈特谈有关爱的意义。其实，能够看到每个家庭都幸福美满一直都是我最大的心愿。然而，并不是女士们了解了爱的真谛，清楚了爱的意义就能够使自己的家庭幸福、快乐、美满。

3年前的一天，我的老朋友基米·德尔斯离开了我。几天以后，他的妻子给我来了一封信，信中对我这些年来给他们的帮助表示感谢，而且也和我说了很多心里话。其中，有一句话给我的印象非常深刻，她说："也许，基米到死的时候也不知道我一直都那么的爱他，需要他，不能没有他。我不知道是谁的错，但我可以肯定他是带着遗憾而去的。如果再给我一次机会，我一定会把所有心里的话告诉基米。可是现在，基米不可能再回来了，也永远不会知道这件事了。时间是不能倒流的，那些曾经有过的岁月也绝不会再回来了。"

的确，对于他们的生活我还是很了解的。坦白说，这对夫妻是很恩爱的，这被所有人都公认。在外人眼里，他们永远都是最幸福、最快乐的夫妻。然而，事实上，我的老朋友基米却经常不开心。曾经有一次，基米对我说："戴尔，我真的不知道自己是不是做得不够好？

可我真的已经尽力了。我妻子从来没有夸奖过我，也没有说对现在的生活是否满意。虽然我们在一起生活了那么多年，但我却一点都不知道她内心是怎么想的。我尽了我最大的努力，给了她所有我能给的，可是我却不知道她是否感到幸福。更可笑的是，我现在居然开始怀疑她是否还爱我。因为我已经有10年没有听过她对我说'我爱你'这三个字了。"

我想，我的朋友基米真的是误会了，因为从那封信完全可以看出，他妻子的确是非常非常爱他。可是，是什么原因导致基米产生错觉呢？其实很简单，那就是基米的妻子从来没有将自己的爱和幸福感表达给他，从而使他对自己、对家庭、对妻子失去了信心。

女士们千万不要认为这不过是一个很特殊的例子，事实上这一问题存在于很多家庭之中。美国两性心理学专家德俄曼在3年前和他的同事一起对1500对已婚夫妇进行了调查研究，当他把研究结果公布于世的时候，很多人都目瞪口呆。他在自己的调查报告《婚姻的毒药》中写道："在美国，性格粗野、唠叨、挑剔是导致夫妻之间出现不合的罪魁祸首。然而，令人意想不到的是，我的调查结果告诉我，导致美国夫妻婚姻出现问题的第二大原因竟然是妻子不知道该如何向丈夫表达自己的爱。"

我有剪报的习惯，曾摘录过这样一篇故事。不管这是个真实的故事还是虚构的，至少它说明了一个道理。故事内容是这样的：一个乡下人工作了一天后，把一堆牧草放在了他的女人面前。

她很生气，说他是神经病。他说："难道你们也注意了吗？这20多年我一直辛苦地劳作，你们却没有说过一句感谢的话，这跟让你们吃草有什么区别？"

每个人都应该让自己的另一半知道，对方对我们的幸福意义重大。我曾在一本杂志上看到一段对罗迪·康塔的采访，她说："这个世界上对我帮助最多的人是我的丈夫。年轻的时候，他是我的朋友，帮我的事业走上了正轨。结婚后，他为我省钱投资，我们因此挣了很多钱。我们有5个孩子，他总是让我们的家里充满温馨。所以现在我的成就，全都是他的功劳。"

在前面我已经说过，爱是促使男人努力工作，并获得成功的最主要动力。然而，这一切的前提必须是丈夫得到爱的信号。因为如果不能从妻子那里得到明确的信息，那么他们就不知道自己的妻子是不是像自己想象中那样爱自己。于是，他们开始对自己付出的努力产生怀疑，从而失去了奋斗的动力。更加严重的是，他们甚至开始怀疑自己付出的爱是不是值得，从而影响夫妻关系。

曾经有一位非常“郁闷”的男士告诉我，他现在不知道该怎么办。因为妻子从来没有向他表达过爱和幸福感。他不知道自己每天那么拼命地工作到底是为了什么？也不知道自己和妻子的爱情到底还能持续多久。他做过努力，也曾经尽力讨好过妻子，但一切都没有起到作用。最后，他决定放弃，因为他不想花费时间和精力去维持一段模糊的爱情。

不懂表达爱的危害有以下这些：

不能让你的丈夫明确你是否爱他。

使他对自己的努力产生怀疑。

使他不信任和你之间的爱情。

有时候我真的很奇怪，为什么很多女士在遇到一件非常紧急的事情时可以很机敏地化解掉。但却从不知道给自己的丈夫一直都渴望得到的“爱情面包”。我知道，那些女士很坚强，即使她们的丈夫丢掉了工作、染上了重病，她们也会坚强地生存下去，而且还能够不断地给予丈夫帮助和鼓励。然而，当生活变得平淡无奇的时候，她们却往往不记得和丈夫说：“你在我心中永远是最重要的。我永远爱你，正是因为你，我才有了如今的幸福。”

曾经有一位女学员告诉我，她不认为向丈夫表达爱和幸福感是一件重要的事。因为男人照顾、爱护女人是天经地义的事情。事实上，真正应该表达爱和幸福感的恰恰不是女人，而是那些不懂风情的男人。的确，在那位女士和我说完那些话之后，我特地研究了一下这个问题。最后，我发现她说的问题确实存在，因为那些经常抱怨自己丈夫不懂得赞美和爱护自己的女人，也常常会吝啬对丈夫表示赞扬和爱。她们更多的是把眼睛盯在丈夫的错误上。芝加哥大学婚姻关系研究博士塔尔·博兰特曾经说:“有一些女士做得实在很过分。因为她们把所有的注意力都放在了自己身上，也就是说她们太过于爱自己了。不过很可惜，这一类女士很少愿意把自己的爱分给别人。即使有，也非常少。”

其实，我倒是认为塔尔·博兰特博士实际上是在表达另一层意思，他是在告诉我们，凡是那些能够真心地、体贴地向别人表达出爱的女人，往往也能从别人那里得到更多的关心、爱护和爱。

爱是最好的精神食粮

爱是最好的精神食粮。只有爱，才是人们在这个世上生存的最大依靠。

著名的心理学家戈登·W. 阿尔伯特说："通常情况下，从来不能从别人的爱那里得到满足是普通人能够做得最正确的事。"没错，在人类的生活中，爱情的潜力可与原子能媲美。每天都有爱出现，每天它都创造着奇迹。如果你真的爱你的丈夫，你就能为了他的成功或是让他幸福而心甘情愿地竭尽所能去做每一件事。因此，你的丈夫是否能够成功在一定程度上也取决于你对丈夫的爱。

夫妻之间的爱情对儿女的幸福也有着很大的影响。保罗·珀派罗博士是美国家庭关系协会的会长。有一次我们在一起讨论这个问题时他说："如果我们能在这里完全不谈孩子的事情，而是讨论用什么样的方法能使夫妻之间更恩爱，也许会让孩子更幸福。"

我的老朋友吉姆的遗孀曾经写过一封信给我。她在信中说到过去的许多事情，她悲伤地说："我从来都没有跟吉姆说过我爱他，我很需要他。”人生最可悲的事莫过于失去之后才想珍惜。现在，那些日子再也不会回来了，吉姆永远都听不到了。

这位女士的例子简直太普遍了。路易斯·M. 特尔曼博士研究过1500多对已婚夫妇。他发现，许多男性认为，妻子不懂得如何表达心中的爱是仅次于唠叨的第二个造成婚姻不和谐的原因。

许多女性都能对突如其来的危机应付自如。比如丈夫失业，患上严重的疾病或者犯罪被判刑，妻子通常可以像直布罗陀海峡的岩石工一样坚强地给予丈夫不断地帮助。但是，当她们生活稳定时，她就把一切都忘了，也忘记向丈夫表达他最渴望的爱情，她忘记告诉他：他在自己心目中的地位是多么的重要。出现这种情形是十分可悲的。

有人说现代女性缺乏安全感，她们拥有自己的家庭和孩子。但是，有百分之九十的男性只是因为恋爱了才会想结婚，你仔细想过这句话吗？

我的经验是，大多数女性认为，丈夫应该爱护自己才对，他们应该时常对自己说些甜言蜜语。一般来讲，那些抱怨丈夫不重视自己，不懂得欣赏她们的女性也很少去赞美自己的丈夫。威廉·珀林其尔博士描述过这种神经质、喜欢挑剔和批评别人的女性。他说：“有些人实在是太自私了，她们不想对别人表达一丁点的爱意。”

换句话说，只有能够体贴地爱别人的女人才能得到丈夫的爱。德罗西·狄克思是专门研究婚姻关系的专家，他说：“很多妻子都认为丈夫的存在是理所当然的，从不注意他们身上的优点，也不赞美他们；也不会向他表示任何的爱意。还有很多妻子为此埋怨自己的丈夫。这些妻子如此对待自己的丈夫，然后，她们很奇怪，丈夫为什么会喜欢那些总是称赞他们倜傥潇洒和魁伟奇妙的女人。不仅女人渴望爱情，男人也是如此。”

曾经有人这样比喻夫妻之间的爱情：爱情的冷淡就像“精神食粮不够”一样。丈夫不是只吃面包就能存活的，有时，他还需要一块撒了糖的蛋糕——爱情的蛋糕。

一个负责的妻子总是犯完美主义的错误。她太注重细节，却忽略了身边重要的大事。要以良好的心态去接受不好的事情，不要把事情看得那么严重，这样，反而能加深夫妻间的感情。

乔治·吉恩·那森说：“当我看到一个纤尘不染的家时，我总会觉得，而且很快就发现，夫妇间的爱情已经像他们机械化的家一样，快要冻成冰了。从某种意义上来讲，温暖的爱情和伴随爱而来的幸福就像一个凌乱的家给人的感觉一样。从经验中，我遗憾地发现，爱情永远不能和完美的家庭环境并存。这真是太遗憾了，一个深深挚爱丈夫的女性无论如何也成不了一个完美的家庭主妇。”

从那森先生这有趣的夸张说法里，我们可以猜到，他肯定还是个单身。但是，他的话却有着某种真实性，我们应该认真思考一下才行。尤其是那些要求完美的主妇，请不要注视着某棵树木而忽视了整片森林。

毋庸置疑，相互深爱的人一同步入教堂是世界上最令人幸福的事情了。爱情就是丰富慷慨地给予，许多妻子在大事上做出了牺牲，却总是在小地方不能做到宽容。比如：她不能冷静地对待丈夫从前的女友。假如丈夫在无意中提到他碰见了过去的女友，做妻子的应该做的是赞美她的好处，把你所知道的全部说出来；如果你一点都不知道，那么，也应该编造一些。

如果你满腹酸气地问，那个女的是不是还像以前一样，扎着辫子说着幼稚的话？这样的话，你就是在间接贬低你的丈夫。这就太不明智了。

我记得，我的父亲在与母亲结婚之前，曾经与一个漂亮的红发少女订过婚。每当母亲称赞那个女孩又迷人、人又好的时候，父亲总是一面装作满不在乎，一面不好意思地偷着笑。因为父亲觉得母亲更漂亮，母亲也明白。但是母亲能够夸奖父亲的眼光，这总让父亲十分高兴。

如果丈夫带妻子去看戏，度过了一个愉快的夜晚；如果他送了一束玫瑰花给妻子；甚至他只是每天早晨倒个垃圾而已，妻子都应该感谢丈夫的做法。如果妻子认为丈夫就应该那么做。那么，这个丈夫肯定很快就不会做这些事。我们习惯了丈夫每天做点小事，所以并不知道他到底做了多少。因此，当你的丈夫在默默做这些小事的时候，你一定要赞美他，告诉他你很爱他。他为这个家付出的一切你都看在眼里，这让他在做这些的时候心里感觉暖暖的。

也许，有人会觉得妻子所做的努力都是毫无回报的。丈夫会感激她对丈夫奉献的全部的爱吗？我完全可以保证，丈夫肯定会感谢的！现在，华威克·C. 安哥思在写给我的信中说："我可爱的妻子让我觉得自己比任何男人都幸福。如果时光倒流到32年前，就算我不知道现在的事情，只要她愿意与我共度一生，我仍然心甘情愿地娶她为妻。我之所以能有今天的成功，是因为她在我的身边，这是我能给她的最大的赞赏。"其他幸福的丈夫们也同样想说这些话。由此可见，一个为丈夫、为家庭付出爱和努力的妻子是一定会得到丈夫的爱戴的。

如果你对丈夫深切的爱情让他感到宁静而幸福，那么，他就会更有成功的机会，从而让你生活得更加幸福。如果缺乏爱情，成功又有什么意义呢？没有爱情的权势和金钱等同于毫无用处的垃圾。

请让我来帮助你，就像帮助我自己

玛格丽特·泰勒·叶慈是最受美国海军欢迎的一位女性。她也是个作家，但她神秘的小说远没有她的个人经历有趣。

故事发生在日本偷袭珍珠港美军舰队的当天早上。叶慈太太因心脏病已经躺在床上一年多了，她不得不每天在床上度过22小时，下床走路也不过是到花园里晒晒太阳，而且还得有人搀着。叶慈太太觉得自己简直是个废人。她曾告诉我："如果不是日本人轰炸珍珠港，我可能一辈子都在病床上度过了，根本体会不到真正的快乐。"

轰炸开始后，一切都乱作一锅粥。其中一颗炸弹就落在我家附近，把我从床上震了下来。基地附近就有军方的卡车，陆军、海军的家属都被卡车转移到公立学校避难，然后再打电话请那些有空余房间的人收容他们。

红十字会负责联系，他们发现我床边就有一部电话，于是要我替他们记录所有的资料。我把所有陆军、海军的眷属以及孩子们送往的地方都记录下来。同时，红十字会通知所有的海军和陆军人员打电话，询问自己的家人分别被安顿到什么地方。

很快，我就知道我的丈夫安然无恙。我努力让那些不知丈夫生死的女人都高兴起来，试着安慰那些已经失去丈夫的女人。伤亡人数在不断增加，海军陆战队有2117名军人阵亡，失踪了960人。

开始我一直躺在床上接电话，后来我就坐起来接听。由于忙碌，我完全不记得自己的身体还很虚弱，不知不觉下床走到桌子旁。在帮助别人的时候，我忘记了自己。从此，除了正常的睡眠，我再也不躺在床上了。

如果不是日本空袭珍珠港，我可能下半辈子都会躺在床上度过。原来我总是躺在床上等待消磨时光。直到现在才知道，在潜意识里我已失去了复原的意志。

珍珠港空袭是美国历史上的巨大悲剧。但是对我个人而言，它却是生命中最重要的一件好事。我的潜力在这次危机中被激发出来，迫使我转移了注意力到别人身上。我再也没有时间去考虑自己或照顾自己，这也给了我一个坚持生活的重要理由。

有心理问题的病人如果都这样去帮助别人，像叶慈太太所做的那样，将会有1/3的病人可以痊愈。这可不是我个人的想法！是心理学家卡尔·荣格说的，他相当了解这种情况，他说："从生理方面，我的病人中大约1/3都不能找到任何病因，病因主要是这些病人找不到生命的意义，而且自怜自怨。"换言之，他们一生总想走得一帆风顺——而他们脚下的路却是崎岖的。于是他们无助、无知与茫然地去寻求心理医师的帮助。

你现在可能不屑一顾："我也会很乐意做叶慈太太所做的事，可我的生活与人完全不同。日子过得平淡无味，一天工作

8小时，乏味而无聊。从来没有任何趣事发生在我身上。我哪里还有兴趣去助人开心呢？而且为何助人为乐？那对我有什么好呢？”

让我来告诉你这些问题的答案吧。不管你的生活多么枯燥，每天总要碰到一些人，你如何对他们？只是擦肩而过，还是想进一步了解他？杂货店小孩、报童、街角的擦鞋匠呢？他们都想与别人分享自己的人生经历，所以，我们要给他们表达的机会。

波斯宗教家左罗亚斯托说：“对别人好不是一种责任，而是一种快乐的享受。因为这能促进你的健康与快乐。”多为别人着想不仅使自己远离烦恼，也可以广交朋友，获得更多乐趣。

下面的故事是关于一个女孩子的。她现在已经当祖母了，她的故事对我们也很有启发：几年前，我到一个小镇去演讲，那时候在她家住了一个晚上，第二天我要去60英里外的车站搭火车。她开车送我，在车上我们谈起交友的话题，她说：“卡耐基先生，告诉你一件事吧！我从来没有告诉过任何人——我丈夫甚至也不知道。”以前在费城，她的家庭是靠社会保障金生活的。她说：“我年轻的时候很漂亮，那时最大的不幸就是家里很穷。我从来不能像其他姑娘那样装扮自己。我衣着寒酸，而且常常不合适。所以，我平时很少出门。一天，我忽然想，每次朋友聚会时，我都跟伴舞的男孩谈他的人生观以及对未来的筹划。问这些问题，倒不是我对他们的答案特别有兴趣，其实是希望分散男伴们的注意力，避免他们发现我的装扮寒酸。可是，奇迹居然发生了。当我听这些青年侃侃而谈时，我从中收获颇丰，并且开始对这些话题产生了真正的兴趣。我变得兴致勃勃，自己也忽视了服饰的问题。

更令我惊喜的是：因为我善于聆听他人，关心别人，又鼓励他们。跟我在一起时，他们总是很快乐。渐渐地，我成为了最受男孩欢迎的女孩，有三位男士都请求我嫁给他。”看到这里，我们会明白一个道理：一个人极端自私，不可能活出真正自我的人生来。相反，那些无私奉献的人才得以享受生活的乐趣。

如果这还不能打动你，那再来看看西奥多·德莱塞20世纪最杰出的美国无神论者。德莱塞把宗教都作为神话，而人生只是“一幕白痴演的闹剧，毫无任何意义”。生活中，德莱塞遵循一个原则——为他人服务。德莱塞说：“如果你想从人生中获得任何快乐，就不能只顾自己，必须为他人着想。因为快乐源于你为人人、人人为你。”

生活中不止有爱情

19世纪末，年轻的亨利·福特在密西根底特律的电灯公司做技工，一个月只挣11美元的工资。他每天需要工作10个小时，下班后，继续在屋后的一个旧工棚里工作，希望能研究出一种新的马车引擎。

当时除了他的妻子，连他的父亲和邻居们都认为亨利是个愚蠢之极的人。他只是在白白浪费时间而已，所有人都以取笑他为乐。认为他是那么笨拙，摆弄了几年也没造出什么东西。

白天干完活后，妻子和他一起躲在工棚里。冬天的黑夜来得很早，福特太太为了使福特能正常工作，为他提着煤油灯照明。因为寒冷她的双手冻得发紫，牙齿也在颤抖着，但是她坚信，总有一天，丈夫会成功的。福特亲切地称呼她“信徒”。3年后，这个人们从来没见过的稀奇的东西在旧工棚里诞生了。

1893年，在福特满30岁之前的某天，邻居们被一串奇怪的声音引到窗前。他们看到亨利·福特这个笨蛋和他的太太正坐在一辆没有马的马车上，那辆车子来回地摇晃，居然还能拐个弯又跑回来！

那天晚上，一个对国家甚至世界有巨大影响的新工业诞生了。如果说亨利·福特是“新工业之父”的话，那么，作为“信徒”的福特太太就理所当然地应该被称为“新工业之母”了。

50年后，福特先生在接受访问时，访问者提出了这样一个问题：“如果还有来生，您希望做什么？”他答道：“做什么都行，只要能和我太太在一起就行。”福特太太的“信徒”称呼就这样用了一辈子。

每个男人在为理想为生活所拼搏的时候，不但需要来自妻子的爱，他们更需要一个真诚信赖他的人。需要一个能让他重塑自信的太太，无论境况如何，她都对他充满了信心。如果连妻子都对他没有信心，别人又怎能对他有信心呢？完全信任的神奇动力可以帮助人找回自信，永不放弃。洛伯·都培雷的事例就可以证明这一说法。

洛伯·都培雷先生曾给我写过一封信，他在信中写道：“一直以来，我都想做推销员。有一年，终于有了这样一个机会，我做了保险推销员。但是，无论我多么努力，我始终没卖出一份保险，我感到十分苦恼。有一阵，我的精神十分紧张，感到十分痛苦。最后，我想，也许我只能辞职了，不然我也许会精神崩溃的。”他说：“我觉得自己彻底失败了，但是我的妻子爱丽丝不断地鼓励我。她说：‘亲爱的，别上火。我相信，这个挫折是暂时的，下次你肯定会成功的。因为你是个了不起的推销员。’虽然爱丽丝和我同在一家工厂里工作，但她很注意我的谈吐和衣着。

接下来的一年半时间里，她总是赞美我的气质，说我有许多才华，特别是在推销产品方面，而我自己却不知道。如果不是她坚持鼓励我继续走下去，也许，我早就一蹶不振了。她一遍一遍地告诉我，‘亲爱的，你有做推销员的能力，只要你努力，就一定可以成功。我不希望你就这么放弃了。’我怎么能辜负她呢？我离开工厂，重新开始我的推销工作。这次，我对自己充满了信心，因为爱丽丝就是我身边忠实的信徒。她成功地帮助我重塑自信，使我相信，只要努力，我就一定能成功。虽然我还要为理想而继续努力，但是我已经开始走在理想的路上了，感谢爱丽丝！”读了这封信后，我觉得，如果要雇佣推销员，一定要选择有像爱丽丝这种太太的男性，因为她们会让丈夫成功地找回自信。即便丈夫在事业的路途上一次次跌倒，她们也能巧妙地让自己的丈夫爬起来，甩掉所有的不得志，重新踏上新的征程。因此，拥有这样“信徒”的男性是最有潜力的。

从上面的事例可以看出，适时的鼓励对男性有多么重要，它比起燃料对于引擎的重要性来说也毫不逊色。鼓励就是让男性继续发动的引擎，鼓励使他们的精神电池充足了电，重新获得成功。

有时，运气会使人的斗志受到打击。如果打击严重的话，也许会让人一直抬不起头。这时，如果我们所爱的人说：“亲爱的，不要这样垂头丧气，这种事根本不算什么。我相信，你一定能成功！”情况就会大有改观了。

《圣经》说：“每个人都希望自己充满自信，因为它能够证明一些我们看不到的东西。”也就是说，有自信的太太们始终对自己的丈夫有着强烈的信心。她们用眼睛看，也用一种特殊的视觉——内心的爱去看，她们能看到丈夫身上别人发现不了的特质。

你一定要用语言把你对丈夫的信心表达出来，否则，就没有任何用处。妻子必须用赞赏和鼓励，用充满爱的语言和行动表现出自己对丈夫足够的信心。

懂得保持距离

莎士比亚曾说：“最甜的蜜糖，可以使味觉麻木。不太热烈的爱情才能维持久远。”两个人之间的距离就是这样玄妙而难以把握。

距离，是一种物理学上的现象，也是人际交往中不可避免的一个问题。在与爱人的相处中，距离更成为了一个很难把握的话题。两个人本来距离很远，互不相识，但是忽然有一天，他们却相识相爱了，距离一下子变得很近很近。但是，忽然又有一天，他们不再相爱了，本来关系很近的两个人，马上就变远了，甚至比原来还要远。

说到距离，大家都还记得那个关于刺猬的著名故事。

在一个大雪纷飞的冬天，森林中有两只刺猬冻得发抖。为了取暖，它们紧紧地靠在了一起，但是这也仅有几秒钟而已，它们彼此的刺扎在对方身上，实在是难以忍受，于是，它们不得不分开。但是天气实在是太冷了，它们受不了寒冷的刺激，想靠在一起取暖，可是刚靠近，又因为长刺的刺痛很快就各自跑开了。一次又一次地尝试，一次又一次的失败。就这样在不断地分了又聚，聚了又分的过程中，它们找到了一个合适的距离。这个距离它们可以相互取暖而又不至于会被彼此刺伤。

这是一个很古老很古老的故事了，其中的寓意大家都不会忘记，是告诫人们在相处的时候要学会保持距离。只有保持好这个距离，才能让双方觉得愉悦。这个就是所谓的“距离美”吧。再相爱的两个人，也是单独的个体，也有自己的私密空间，需要和自己的恋人有这样一个距离。如果说毫无隐秘性，如同两张白纸一般，这样的爱情短时间内会让人觉得很好。但是，时间长了却会让人麻木，从而失去兴趣，最终失去爱情。

我曾经见过这样一对男女，杰克和他年轻的恋人露西卡。露西卡是一个很美的女孩子，她也很爱杰克。但是有一个严重的问题，就是她总想着追问杰克的过去，希望找到对方每一分钟的去处，企图完全了解杰克。有一点什么事情都喜欢打破沙锅问到底的架势。刚刚认识的时候，他们的感情好得好像蜜里调油，但是慢慢地，时间长了，杰克发现这成了一个重大的隐患。长时间地忍受这样的了解，甚至可以说是“盘问”，让他觉得实在是不可理喻。毕竟每个人都是有自己的秘密和隐私的。即使双方是恋人，也没有必要在对方的面前做一个透明人，将以往和现在的一切都摆在对方的面前。还记得他们之间曾经狠狠地吵过一次。那是在一次假期里。我邀请杰克和露西卡到郊外的庄园参加一个酒会。在那里，很不巧地，我们遇到了杰克的前任女友凯特。凯特和杰克原来是很好的一对，但是由于双方的父母不同意，最终还是分开了。这次遇到凯特，杰克可能还没有收好情绪，眼里流露出的忧伤和怀念一下子刺激到了露西卡，她便开始盘问杰克关于这个女人的一切，无止无休，甚至后来还打电话到杰克的父母那里，希望能够了解他们的过去。这样的做法，让杰克非常不满，“我现在和你在一起，对你好就行了。为什么一定要把我过去的伤口揭开来？”但是露西卡坚持认为，“我不过是想知道你的过去，更好地了解你而已，难道这样也有错？”后来，杰克终于难以忍受这样的盘问，认为露西卡的不信任严重地伤害到了他，选择了分手。

其实，杰克或许没有错，他只是不想一遍一遍地回忆过去，将自己的过往大白于天下。露西卡也或许没有错，她只是希望，能够更好地了解对方而已。但是矛盾还是出现了，这其中，或许该说是独占欲在作怪吧。男人和女人心底其实都潜藏有这样的力量，希望能够控制对方，但是这样的控制实在令人难以接受。

邓肯太太最近简直要发疯了，她的丈夫居然背着她和别的女人好上了，她来找我咨询，一把鼻涕一把泪地向我哭诉："卡耐基先生，我真的非常难过。我每天都要忙着去上班，还要收拾家里，照顾孩子，大大小小的事情实在是太多了，我快要喘不过气来了。就是这样，我也没有抱怨过，还是每天为他操心，为他做好一切。早上起来，我要给他准备好早餐，准备好上班要穿的衣服，还要嘱咐他今天有什么事情要做。同时我还要仔细检查他的钱包，看够不够他今天出去的花销。晚上回家，我总会问他工作上的事情，让他认真地报告给我，希望给他一些建议，让他的事业能有更好的发展。但是最后，我得到了什么啊？只有他的背叛，他不仅工作上没有什么进展，居然还有了婚外情，他怎么对得起我？”

我认真想了想，问她，“你曾经问过邓肯先生，他为什么要这样做吗？”邓肯太太毫不犹豫地回答我：“当然问过了，在知道这件事情之后，我第一时间就跑去质问他。可是他实在是太令我失望了，他居然说，我一直都在强调所有的事情都是为他好，却从来没有问过他的感受。还说自己每天活得就像是奴隶一样。没有自由，没有隐私，不管做什么事情，都要受到我的监视。您能想象一个男人居然会说出这番话吗？他说他想要自由，想要一份平等、轻松的爱，那个女人能给他这些。我不懂，难道我做得不够好吗？”

听完邓肯太太的这番话，我想我明白问题的症结在哪儿了，虽然我很同情这个女人，但是说实话，我实在不能赞同她所做的一切。于是，我告诉她：“邓肯太太，虽然我很同情你的遭遇，但是我觉得你现在需要做的是反思一下自己的行为。你控制了丈夫的一切，剥夺了他的自由。这样就让他觉得对整个家庭失去了责任感，仅仅是在为你打工而已。他的事业，他自己，一切的成就都会归你所有，这样他完全没有成就感，他心里不安全。于是他才想要去寻求刺激，因为那些东西是属于他的。他想要的，可能就是这样的归属感。如果我是他，可能我也会这样做。任何一个男人，在得不到自己想要的东西时，你阻止不了他的出轨。”

一位芝加哥大学的心理学教授曾经说过这样一段话：“一个精明的女人在结婚后要学会的第一件事情就是顺从。对于男人们来说，他们在心里渴望能够掌管一切事情，自己的工作、家庭的经济乃至其他一切事情。虽然很多时候不可能做到，但是他们绝对不能忍受被自己的妻子控制。”其实，不仅是婚后，在结婚前，在恋爱中，这样的规则也是同样存在的。一个男人不会允许另外的一个女人完全地控制他。但是很多女人都忘了这个界限，都企图要将男人变为自己的完全所有物，于是问题就出来了。

曾经有句名言说，“世界上最远的距离，是鱼与飞鸟的距离。一个在高高的天上，一个却深潜海底。”这句话实在是令人印象深刻。爱人之间保持一定的距离，让双方觉得放松，是非常必要的。但是什么样的距离才是安全的，才是为爱情保温的最佳距离，这是一门高深的学问。其实，说穿了，这个距离的把握并不难，只要让对方觉得放松、温暖就够了。

停下脚步，倾听心底的声音

欲望不能满足，贪念没有止境。是啊！欲望像越滚越大的雪球，蛊惑着人们拼命向前。那个向前的方向通向幸福吗？幸福的标准又是什么呢？许多人都不知道。人们的心灵被欲望占据久了，都有些麻木了。

我的一位朋友做房产经纪人，经过几年的打拼，在本地已小有名气了。她每天的生活就像上足劲的发条一样，被传真、资料、甲方以及各种方案充塞得满满的。

一天，她加班到很晚。从公司出来后，走了很远的路也没有叫到车。走得热了，她停下来，仰头叹出了口气。这时，她吃惊地看见星星在丝绒般的夜幕中闪烁着，洋溢着一种无言的美丽。一如她大学毕业前的最后一晚，几个要好的同学躺在学校图书馆前的草坪上看到的那样。那一晚，她们深深被血脉中扩张的青春激动着，广袤的星空与未来的前途一片光明。

从那以后，她几乎再也没有时间去注视夜晚的星空了。因为从她走入社会，就一直保持着弯腰向前奔跑的姿势。太忙了，欲望总在膨胀，目标总在前方，于是她不停地向前奔跑着……

每个夜晚的这个时刻，她多半在应酬或是在做楼盘计划和方案。她从没有想过，哪怕透过一扇小窗，去望望宁静的夜空，倾听心灵的一些细小的声音。

今天，当自己站在这静谧的星空下，她突然想起以前在大学看过一位日本餐饮业巨头总结的成功之道：在其连锁店中能提供给顾客的，永远是17厘米厚的汉堡与4℃的可乐。他的研究人员发现，这是令客人感觉最佳的口感。当然，你也可以选择把汉堡做成20厘米厚，把可乐加热到10℃，但它们并不意味着最佳口感。

对于幸福，其实也只要17厘米和4℃就够了。幸福，是一路上持续发生的，就如深夜静谧而美丽的星空所带给人的震撼，而非那个令人疲惫的终极雪球。

幸福到底是什么？许多女性朋友都在问，其实得到幸福很简单。听一听自己内心的声音，扔掉那些对自己来说十分奢侈的梦想和追求，那么，你就被幸福包围了。

有位著名的心理学家跟我说："一个人体会幸福的感觉不仅与现实有关，还与自己的期望值紧密相连。如果期望值大于现实值，人们就会失望；反之，就会高兴。"的确，在同样的现实面前，由于期望值不一样，你的心情、体会就会产生差异。

在现实生活中，人们总是喜欢拼命地追求、索取，以为这样便可以得到幸福。殊不知，当你费尽心机地实现了这个目标，消除了一个烦恼，很快你又会有新的没有实现的目标，你又会烦恼。如此反复，永无尽头。

在非洲，人们很容易满足，有面包能吃饱肚子，那就是幸福的一天。可是，繁华都市里的人，不用担心三餐，却有着很多的烦恼，他们总是在追求自己所不需要的东西。

追求幸福最有效率的方法就是“降低你的欲望”。通过心理调节，使自己能够平静地对待目标，从而减轻或消除心理负担，幸福也就会悄然而至。在世界上所有获得幸福的途径中，这种方法的投入产出比最高，它基本上不用你花一分钱，有时甚至能省钱。一位智者说：“人生不同的结果起源于不同的心态。”的确，假如世界变得灰暗，那是你自己心中不够灿烂。

好的生活是内心平静的生活。平静使我们从内心的纷乱中解脱出来，不会因这事那事而烦恼。

简单就是剔除生活中繁复的杂念、拒绝杂事的纷扰；简单也是一种专注。生活中经常听一些人感叹烦恼多多，到处充满着不如意；也经常听到一些人抱怨无聊，时光难以打发。其实，生活是简单而且丰富多彩的。痛苦、无聊的是人们自己而已，跟生活本身无关；所以是否快乐、是否充实就看你怎样看待生活、发掘生活。如果觉得痛苦、无聊、人生没有意思，那是因为不懂快乐的原因！

菲律宾《商报》登过一篇文章。作者感慨一位病逝的朋友一生为物所役，终日忙于工作、应酬，连孩子念几年级他都不知道，留下了最大的遗憾。作者写道，这位朋友为了累积更多的财富，享受更高品质的生活，终于将健康与亲情都赔了进去。

快乐是简单的，它像自酿的美酒一样，是自己酿给自己品尝的；它是一种心灵的状态，是要用心去体会的。简单地活着，快乐地活着。

接受最好的自己

3年前，培训班上的一位女士找到了我，希望我能够给她提供一点建议，因为她现在实在是忍受不了生活的压力了。

女士告诉我，她应该算得上是一个幸福的女人。因为她的丈夫是一个事业有成的企业家，而且做事很积极，颇具上进心，当然也比较独裁。可是，正是因为丈夫的成功，所以才给这位女士带来了无尽的烦恼。原来，由于丈夫的工作关系，这对夫妇的社交圈很自然地就以先生的朋友为主。这些朋友大都是有声望、有地位，而且也很富有的人。在这种环境里，女士觉得自己太渺小了，因为她完全不能把自己的个性发挥出来。虽然她有着善良和纯朴的本质，但这些似乎都被别人忽略了。因此，她越来越不相信自己，越来越为自己不能达到别人的要求而痛苦。同时，她也越来越不喜欢自己。

虽然我马上判断出这位女士的问题并不是不能适应环境，而是不能适应自己，但当时我并没有给这位女士明确的答复。不是我不想帮她，而是因为当时我自己也没有认识到喜欢自己的重要性。后来，为了帮这位女士解决问题，我特意去了趟曼哈顿，拜访我的老朋友司麦理·布勒敦医师，希望他能给我一点建议。

布勒敦听完我的叙述后对我说："戴尔，这位女士最大的问题就是不能勇敢地、快乐地接受自己。在她心里，始终期望自己能够变成另外一个完全不属于自己的人。"

我点了点头说："我知道，但我更想知道如何帮助她。"

布勒敦想了想，说："她现在最需要明白的是，任何一个人都有一定的社会作用，而且完全可以在日常生活中表现出来。不过，这种作用并不是通过依靠别人或模仿别人表现出来的，必须是通过自己的个性来表现。我相信，只要能够明白这一点，她就一定会变得自信而快乐。"

布勒敦接着说："你必须承认，喜欢自己是每个人获得健康成熟的必要条件。但在拥有这个条件之前，首先要明白的是，这种自爱并不是指那种自私的想法。它不过是一种自我接受，是一种既清醒又实际的接受自我的做法，是人性尊严和自重的体现。对自己表示适当的自爱，这对我们每一个正常人来说都是健康的。不管是为了从事工作还是为了达到某种目标，这种自爱都是必要的。"

我终于完全理解了布勒敦的话，也从内心体会到了喜欢自己的重要性。那位女士之所以不快乐，就是因为她评判自我的第一步就已经走错了。因为她把别人的标准当成了自己的评判标准。后来，我把这些话告诉了那位女士，让她无论如何要给自己建立起一套属于自己的价值观点，然后再把这些当成自己的生活依据。最后，这位女士真的成功了，也变得成熟了，因为她再也没有苦恼过。

女士们，我不知道你们怎么看待喜欢自己这件事？是不是依然把它当成一种没道理的、自私的做法？我必须提醒各位女士，学会喜欢自己是有很大的好处的。

在你们学会喜欢自己之前，首先要做到的就是不要害怕喜欢自己。我们可以细心观察一下，凡是那些思想真正成熟的人，往往都能适度地忍耐自己，就像他们也能适度地忍耐别人一样。这些人知道，每个人身上都有弱点，自己也不例外。因此他们从不为一些小小的过错而感到痛苦。

事实上，在我之前就已经有很多人在研究喜欢自我的重要性了。哥伦比亚大学教育学院的亚斯·卡斯教授一直都坚信，不管是成人教育还是儿童教育，首先要做的就是让学生了解自己，然后再鼓励他们拥有健康正确的接受自我的态度。他曾经为全美的教师写过一本名为《教师，面对自我》的书。书中写道："教师是一个充满了辛苦、满足、希望和心酸的职业。对于每一个教师来说，自我接受都是非常重要的。"

我对卡斯教授的观点是赞同的，因为我能够看到，这个社会充满了太多竞争，现在的人们总是以个人物质上的成就来衡量一个人的价值。如今，人们热切地追求着名利，去做着枯燥的工作。所有人，当然也包括各位女士，都感到自己的灵魂找不到寄托。这时，人们很容易迷失自我，从而不能认同自我。

哈佛大学心理学家卢伯·怀特先生曾经说："作为一个现代人，必须要学会调整自己，否则就难以适应环境带来的各种压力。"的确是这样。女士们，难道你们没发现吗？我们周边有多少人能够真正地具有自己的个性，又有多少人能够真正清楚自己的主张？一旦我们的行为与我们所接触的社交和经济圈子相违背，那么我们就会马上感到不安或是不快乐，接着就会产生一种失落感和迷惑感，最后就开始不喜欢我们自己。

很多女士都喜欢模仿别人，想让自己和别人一样。她们希望能够跟上潮流，或是让自己散发出明星般的魅力。然而，这种模仿似乎并没有给女士们带来成功或是快乐，相反会让她们感到焦虑、痛苦。而且这种焦虑、痛苦是和失败联系在一起的。

我承认，对成功和快乐的渴望是女士们模仿别人的出发点，但事实已经证明这是一种很不明智的做法。当任何一位因为模仿别人而苦恼的女士向我寻求帮助时，我总是会告诉她们相同的一句话："做你自己，那是最快乐的，也是最好的。"

有一次，我到一位朋友家做客，正好他的邻居爱迪丝太太也在。这位体型有些胖而且长得并不算漂亮的爱迪丝太太给我留下的第一印象是活泼、开朗、快乐。我们之间很快就没有了陌生人初次见面的那种陌生感，彼此都给对方留下了很好的印象。爱迪丝太太很健谈，尤其喜欢给我们讲述一些她年轻时的事。让我大吃一惊的是，就在几年前，爱迪丝太太每天还生活在不开心和忧虑之中。

爱迪丝太太告诉我，以前她是个很敏感而且很羞怯的小女孩。那个时候她就已经很胖了，而且两颊还很丰满，这样使她看起来更加胖。她的母亲是个非常古板的农村妇女，在她看来，女人最愚蠢的做法就是穿太漂亮的衣服。同时，爱迪丝的母亲还不赞成穿紧身衣，因为她认为衣服太合身的话很容易撑破，还是做得肥大一点好。这位母亲不光自己这样打扮，而且还要求她的女儿爱迪丝也这样打扮。说实话，这让爱迪丝十分苦恼，但却又无可奈何。她不敢参加任何形式的聚会，也没有任何开心的事。在那时，她把自己当成怪物，因为她和别人不一样。爱迪丝太太嫁给了阿尔雷德先生。为了能够融入这个新家庭，爱迪丝太太开始模仿身边的人，包括她的丈夫和婆婆，但这一切却总是不能如愿。她不是没有努力过，但每次尝试的结果都是适得其反，甚至将她推向更糟的境地。渐渐地，爱迪丝太太变得越来越紧张，而且很容易发怒。她不愿意接见任何朋友，也不想和任何人说话。她意识到，自己是彻底地失败了。爱迪丝太太整天提心吊胆，因为她害怕有一天自己的丈夫会发现事情的真相。她非常努力地装出快乐的样子，甚至有时候过了头。最后，爱迪丝太太实在不能忍受这种折磨了，她甚至想到用自杀来结束这种痛苦。

我对爱迪丝太太讲的故事非常感兴趣，追问道："爱迪丝太太，我现在更想知道您是怎么改变自己，变成现在这个样子的？"

爱迪丝太太笑了笑说："改变自己？没有，根本没有。事实上，现在的我才是真正的我。我必须要感谢我的婆婆，是她的一句话让我有了今天的快乐。"原来，有一天，爱迪丝的婆婆与她谈论该如何教育子女时说："我觉得我是一个成功的母亲。因为我知道，不管发生什么事，我都要我的孩子们保持他们的自我本色。"天啊，婆婆的一句话就像一道灵光一样闪过爱迪丝的头脑。她终于知道了自己不开心、不快乐的根源。从那天起，爱迪丝开始按照自己的意愿穿衣打扮，也开始按照自己的兴趣参加了一些团体。慢慢地，爱迪丝的朋友多了起来，她自己也变得越来越快乐。

我清楚地记得当时我给爱迪丝太太精彩的“演说”鼓了掌，而且称赞她是我所见过的最有魅力的女性。爱迪丝太太有些不好意思地说：“其实没什么，这就是我。”女士们，你们必须要牢记一点，保持自我是一项相当重要的事情。如果你做不到，那么你永远都不可能成为一个快乐的女性。因为，你总是活在别人的影子里。

3

寻找一种正能量

一个成功的人，其成就足以说明他的付出和汗水，他们一般会很谦恭，他们有这种资本。如果你对自己的人生有清醒的认识，那么你一定不是一个悲观绝望的人，你也不是一个狂妄自大的人。因为你从不怀疑自己的能力，从不惧怕任何压力，正是这种能量在驱使着你，找到那把打开成功之门的钥匙。

自我安慰和鼓励很重要的

当你感到忧伤和烦恼的时候，就到森林里走一圈，去领略大自然的新鲜气息，或者可以花一点时间去观察身边的每一棵树、每一朵花、每一个有生命的东西。此时，你就会从中找到安慰。

安慰可以保鲜心情。保鲜心情是把忧伤化为一种力量。有好心情的人，并非他的生活特别顺利，而是他们能以坦诚的心来对待人生的一切。因此，我们需要随时随地给自己的心情进行保鲜。

一天，一位男人遇上了一场车祸，他失去了一条腿。当朋友们来看望他，都为他失去了一条腿而难过时，男人却笑了。

“你难道还有心情笑吗？”朋友们都以为他精神不正常了。

“当然。当我醒后得知自己只失去了一条腿时，就安慰自己说：‘没什么，你只是失去了一条腿，而不是整个生命。’所以，我现在有足够的理由笑啊！”

过了一段日子，这位男人便接到了下岗通知书。因为少了一条腿，他已无法胜任原来的工作。

朋友们得知了这个不幸的消息后，准备了一大堆安慰他的话，准备在看望他时，好好安慰一番。然而，令朋友们惊讶的是：当他们见到这个男人时，他正平静地坐在轮椅上，把下岗通知书折叠成了一架纸飞机，把它抛向天空。当他看到纸飞机随着风儿徐徐上升时，竟开心得像个小孩子似的大笑起来。

“你不难过吗？那可是下岗通知书！”朋友们问。

“既然下岗已成为无法改变的事实，我与其难过，还不如想‘幸好你只是失去了工作，而不是失去再创业的勇气啊’。所以，我没有理由难过！”

后来，男人的妻子因为接受不了这么多的打击，和一个流浪艺人私奔了。

朋友们知道后，都为他担心，以为男人经过这次打击，肯定会消沉的，便都赶过去看望他。当朋友们见到男人时，他正坐在空荡荡的家中，边哼着小曲，边擦洗着那条还未完全痊愈的伤腿。

“你是不是真的疯了？还有心情唱歌？”朋友们冲他喊道。

“为什么不唱？她只是背叛了我一个人，而不是背叛了整个国家。所以，我没理由不高兴、不歌唱！”

或许很多人觉得这个男人有点神经质，他的行为举止确实有点不可思议。可仔细想想，他却是一个懂得生活的人。每当他遇到不开心的事时，总是安慰自己：这没什么。他知道怎样将自己的心情进行保鲜。若是其他人遇到了这么多的不幸，只怕早已吓倒了吧！

要有一份好心情，就要有一颗平常心。坦然地面对生活，做到“不以物喜、不以己悲”。在追求个人价值的时候不要过于苛刻，面对名利地位的诱惑要做到无动于衷，不为丘壑难平而癫狂，不为遭遇挫折而沮丧，不为壮志难酬而悲伤。

每一人的成长道路都不是一帆风顺的。人生难免会有挫折。一位伟人这样说过：并不是每一次不幸都是灾难，早年的逆境通常是一种幸运。与困难作斗争不仅磨砺了我们的人生，也为日后更为激烈的竞争准备了丰富的经验。

在法国里昂的一个盛大宴会上，来宾们就一幅绘画到底是表现了古希腊神话中的某些场景还是描绘了真实的历史展开了激烈的争论。看到来宾们一个个面红耳赤，吵得不可开交，气氛越来越紧张。主人灵机一动，转身请旁边的一个侍者来解释一下画面的意境。

这是一位地位卑微的侍者，他甚至根本就没有发言的权利，来宾们对主人的建议感到不可思议。结果却大大出乎了人们的意料。这位侍者的解释令所有在座的客人大为震惊。因为他对整个画面所表现的主题作了非常细致入微的描述。他的思路非常清晰，理解非常深刻，观点几乎无可辩驳。因而，这位侍者很快就解决了争端，所有在场的人无不心悦诚服。

大家对这位侍者一下子产生了兴趣。

“请问您是在哪所学校接受教育的，先生？”在座的一位客人带着极其尊敬的口吻询问这位侍者。

“我在许多学校接受过教育，阁下，”年轻的侍者回答说，“但是，我在其中学习时间最长，并且学到东西最多的那所学校叫做‘逆境’。”

这个侍者的名字叫做让·雅克·卢梭。他的一生都是在逆境中度过的。早年贫寒交迫的生活，使得卢梭有机会成为一个对社会有着深刻认知的人，尽管他那时只是一个地位卑微的侍者。然而，他却是那个时代整个法国最伟大的天才。他的思想对今天的生活仍有着重要的影响。卢梭的名字，和他那闪烁着智慧火花的著作，就像暗夜里的闪电一样照亮了整个欧洲。

就像卢梭说的那样，这一切伟大成就的取得，莫不得益于那所叫做“逆境”的学校。

“逆境”是最为严厉最为崇高的老师，它用最严格的方式教育出最杰出的人物。人要获得深邃的思想，或者要取得巨大的成功，就要善于从艰难困境中摒弃浅薄。不要害怕苦难，不要鄙夷不幸，因为往往是这些不幸的生活造就了这种深刻、严谨、坚忍并且执着的个性。

科贝特回忆说：“当我还只是一个每天薪俸仅为6便士的士兵时，我就开始学习语法了。床铺的边上，或者是专门为军人提供的临时床铺的边上，都是我学习的地方。把一块木板往膝盖上一放，就成了我简易的写字台。在将近一年的时间里，我很少为学习买专门的用具，我也没有钱来买蜡烛或者灯油。在寒风凛冽的冬夜，除了火堆发出的微弱光线之外，我几乎没有任何光源。而且，即便是就着火堆的亮光看书的机会，也只有是轮到我值班时才有。为了买一支钢笔或者是一叠纸，我不得不节衣缩食，从牙缝里省钱，因此我经常处于半饥半饱的状态。

每次，揣在我手里用来买笔、买墨水或买纸张的那枚小铜币似乎都有千斤之重。要知道，在我当时看来，那可是一笔大数目啊！当时我的个子已经长得像现在这般高了，我的身体也很健壮，体力充沛，运动量很大。在部队除了食宿免费之外，我们每个人每周还可以得到两个便士的零花钱。我至今仍然清楚地记得这样一个场面，回想起来简直就是恍如昨日。有一次，在市场上买了所有的必需品之后，我居然还剩下了半个便士。于是，我决定在第二天早上买一条鲱鱼。当天晚上，我饥肠辘辘地上床了，肚子不停地咕咕作响。我觉得自己饿得快晕过去了。而，不幸的事情还在后头。当我脱下衣服时，竟然发现那宝贵的半个便士不知道在什么时候已经不翼而飞了！我一下子如五雷轰顶，绝望地把头埋进发霉的床单和毛毯里，像一个孩子般伤心地号啕大哭起来。”

但是，即便是在这样贫困窘迫的不利环境下，科贝特还是坦然乐观地面对生活，在逆境中卧薪尝胆、积蓄力量，坚持不懈地追求着卓越和成功，最后成为了一位著名的作家。

科贝特艰难的环境不但没有消磨他的意志，反而成为他不断前进的动力。他说：“如果说我在这样贫苦的现实中尚且能够征服艰难、出人头地的话。那么，在这世界上还有哪个年轻人可以为自己的庸庸碌碌、无所作为找到开脱的借口呢？”

逆境对于我们来说，意味着什么？是灾难、考验、经历。人生是不停行走的过程。在逆境中，我们可以挖掘出难以置信的潜力，激发自己的斗志，而且在逆境中我们可以发挥得更出色。人活一世，确实不易，我们需要前进，需要无畏的精神，需要奋斗。

感谢一路陪着你的人

幸福就是找一个能够温暖你心的人慢慢地过一辈子，珍惜爱你的人，珍惜你爱的人，珍惜那个一直在你身边陪着你、保护你、温暖你，一直把你当成全世界。

都说爱情就像一场“拉锯战”，两个人从相识到相知、相爱，这其中要经历很多的磨难。很多时候，我们会听人说。我找不到自己的爱情，或者说我的爱情稍纵即逝。这是很多人都曾经抱怨过的问题，大家为了寻找一份历久弥坚的爱情走了太远的路。或许，走到最后，我们都已分不清到底是爱上了他，还是爱上了爱情。

我曾经观察过布莱克先生和他太太的生活。在他们的生活里，我感到了温馨。

布莱克太太在厨房做饭，而她先生则在客厅陪我下棋。突然，布莱克太太叫道：“你进来一下。”虽然声音很大，但是能够听得出来，语气是很温柔的。于是，布莱克先生立刻歉意地朝我笑了笑，然后奔向厨房。虽然只有短短的几步路，但是我看见，他居然迫不及待，一溜儿小跑。

等他从厨房出来的时候，手里还拿着切开的西红柿，一边咬一边问我："接下来该轮到谁走棋了？"我看着他的动作，诧异地问："你喜欢吃生的西红柿？"布莱克先生一边咬着西红柿，一边抬头瞅了瞅厨房，说："其实我不太喜欢。"

我挺奇怪，接着问："那她为什么喊你，而且还切了这么一大块给你？"

布莱克先生耸耸肩，说："她以为我喜欢。刚结婚的那个时候，家里很穷，我又特别馋，每次在炒西红柿的时候，我总是等不及，她就总要切一块，然后塞在我的嘴里。那个时候，我觉得那是绝无仅有的美味。这么多年过去了，其实我已经不太喜欢吃了。"

"那为什么不告诉她呢？"我诧异地问。

他回了我一个不可思议的表情，"为什么要告诉她呢？如果她知道，我已经不爱吃她切给我的生西红柿，你想，她会不会很失望？"

这样简单而又深刻的回答，是我不曾想过的，于是，我陷入了深思。那盘棋，也理所当然地输掉了。布莱克先生则在赢了棋之后，对着厨房大声喊："老婆，我赢了，吃了你的西红柿，我精力充沛、思维敏捷……"

其实，在一起的时间长了，我们就会发现，爱情不只是花前月下，不只是香车美人。更多的是一些争吵摩擦，甚至于是一些鸡毛蒜皮的小事情，或许是对方为你端上的咖啡，为你披上的衣服。问题的关键不在这些，而在爱情。

于是，很多人便想，我也想有这样的爱情。但是我不知道什么样的人能够做我的知心爱人，这一会儿的身心契合，能够维持多长的时间？站在我眼前的这个人，真的就是我毕生所依的人吗？我们都会有这样的疑问。于是，在寻找爱人的路上，我们不停地走着。

曾经有一则故事，把我们身边最重要的人，归为了几类，于是，我们就在其中不停地寻找着自己的那一半。

世界上有一个人，当他和你在一起时，总是不停地嘱咐你要多穿件衣服，要注意安全。一遍一遍地说，或许你会觉得很啰唆，但是同样也很温暖。如果你窘困了，身上没钱，他会一边训斥着你赚钱不容易，要节约，然后一边塞钱给你。这个人，便是父母。

世界上有一个人，当他和你在一起的时候，你们经常会打架斗嘴，他会抢你手里的东西，他会向父母打你的小报告。但是同样，他经常保护你，他爱护你比谁都多，你们之间有最亲密最亲密的关系。这个人便叫做手足。

世界上有一个人，他了解一些你不为人知的小秘密。当你犯错，他会帮你找理由；当你暗恋一个人，他会帮你传话、帮你送信，当你和恋人吵架，你一定会哭着跑去找他，要么发泄、要么求助。基本上，你总是有了麻烦才想到他，但是你却又无比庆幸生命中有这样一个人的存在。或许，这个人还能够一直陪着你。这个人，便叫做朋友。

世界上有一个人，当你和他不见面的时候，会一直惦念着他，然而真正见了面，却总是脸红心跳，什么话都说不出口。那个人，他总是轻易地就把你的心揪住，让你忘也忘不了，让你胡思乱想睡不好觉，但是仍忍不住想。于是，他便成为了你最甜蜜、最甜蜜的负荷。这个人，便叫做恋人。

所以，珍惜我们身边的人，是他们陪你一起哭、一起笑，一起成长。没有他们，我们会走得很累，很孤单。把你对他们的爱和感激告诉他，然后一直温暖地走下去。

孤独时自我欣赏

雨果曾经说过："孤独是一笔财富。"那些伟大的古希腊哲学家，我想他们都享受着属于自己的孤独财富。往往孤独的人总是很伤感，而正因为有了伤感才让他们变得更加坚韧和真诚。我们芸芸众生现在所享受到的人类的精神财富都是孤独的硕果。如果你不想随波逐流，流俗于茫茫人海中，就应该保持你的个性和自我，享受属于你自己的孤独。曲高和寡就是这个道理，享受孤独的人就能享受成功。

我想说这样一个故事：有一位做营销的老先生准备在他回家颐养天年的时候，把他毕生的经验做一次演讲告知世人。早些年，这位老先生在营销界也是享有盛誉的。因此，听说他要举办这次盛况空前的演讲，很多人慕名而来，这些人把演讲大厅围得水泄不通。

老先生对大家说："法国思想家罗曼·罗兰曾经说过：'最可怕的敌人，就是没有坚强的信念。'成功的道路总是坎坷的，每个人都会在这条坎坷的路上经历太多的风雨，还有那享不尽的孤独、落寞。在我十几年的营销生涯中，只有我自己知道，营销之路必定是一条充满孤独的路。而现实生活中人们都只会关注那些成功的人。殊不知他们光鲜亮丽的背后，有多少不为人知的苦难，谁又会去想他们曾经付出了多少的艰辛？”

“其实，我一开始并不是做营销的。我之前在火车上做列车长。家人及亲戚朋友们都羡慕我有一个好工作，可以想去哪儿就去哪儿，但是我却一点都不喜欢这个工作，后来不顾家人的反对，我辞掉了那个工作。有一年夏天，我独自一人出去旅行，每天形单影只，看着路边闪烁着温暖的灯光，却没有一盏是为我而亮的。那样的日子，不是我说出来你们就能明白的，时常会有一种强烈的孤独感，让我透不过气来。有时候我会想，这么一片广阔的天地，怎么就没有我的容身之处呢，我想到自己面对茫茫的大千世界，是那样的微不足道。于是，我痛下决心，一定要做一番成绩来证明我自己。这样我才能超越这种孤独落寞，超越这种平凡，至少让自己看起来不那么渺小。”

老先生慷慨激昂的演讲结束了，台下爆发出一阵阵热烈的掌声。每个人都开始思索老先生的说法。

我们细想一下，生活何尝不是这样的呢？康德在他生前从来不被人们所理解，后来却成为德国伟大的哲学家。尼采、牛顿、爱因斯坦哪一位没有经受过孤独的磨砺的？也许每一个先驱者都是孤独的，因为真理往往掌握在少数人手里，一个人如果想让自己的理想变成现实，势必要心甘情愿地享受孤独的旅程。

无论你做什么，都可能会经历一段困苦时期。如果你抱定信念：我一定要成功，那你就要学会享受孤独。

我想苏格拉底大家都知道，我现在讲一个关于他的小故事。苏格拉底没有结婚的时候，他和几个志趣相投的朋友合住在一起。那个房间很小，大概只有七八平方米，条件也很简陋，蟑螂随处可见。

苏格拉底的生活条件虽然很差，但他一天到晚总是神采飞扬，快乐的好像每天都有好事发生似的。他的朋友就问他："老兄，你怎么每天都有那么多开心的事。说出来跟我们分享一下吧。"也有跟他住在一起的人问他："我们每天都要挤在这个小破屋里，连转个身都要挤来挤去的。你有什么可高兴的啊？"

苏格拉底却说："你们不觉得我们大家在一起，可以随时随地交流我们彼此的心得体会、思想感情，这是再多的金钱也买不到的，你们难道不觉得这是一件很值得高兴的事吗？"没过多久，住在一起的人该结婚的结婚了，大家都各奔前程，小破屋里只剩下了苏格拉底一个人。可是，他没有因为朋友们的离去而感到悲伤难过，他每天仍然活得很快乐。周围的人都觉得他这个人精神有问题，总是疯疯癫癫的一个人傻笑。苏格拉底并不在乎这些，整天依旧快乐地沉迷于书本之中。有人又问他："现在屋里就剩下你自己，一个人孤孤单单的有什么可乐的呢？"

苏格拉底自豪地说："怎么能说我是一个人，你没看到我身边有那么多的书作伴吗？一本书其实就是你的一位老师。你可以从不同的老师那学到不同的东西，有这么多的老师和我作伴，我可以无时无刻跟他们请教问题，他们都不会厌烦，我又怎么能不高兴呢？"这就是我们后世所熟知的伟大的哲学家苏格拉底。后来他因言获罪，被判了死刑。在监狱里，很多朋友都曾劝他赶紧逃走，甚至还帮他买通了狱卒，策划好越狱，但是苏格拉底却宁死不屈。他说：“我就是死也不能背叛我的信仰。”就这样，这位70多岁的智者带着他的信仰平静地离开了人世。

苏格拉底的一生对后世影响深远，他的哲学思想也成为古希腊哲学的重要组成部分，在西方哲学史中熠熠生辉。

我们应该说苏格拉底是成功的，因为他一直在坚守着他的信仰。他喜欢思考，多数的思考者都喜欢孤独。因为只有在这种情境下，人的思想和心境都处于一种最开阔、最自由的状态，不用想自己所想以外的任何事情，更不用顾及其他人的看法和言论。只有在孤独的状态下，你才能在你的精神世界里自由翱翔。

我想说，孤独并不代表空虚寂寞，无以聊赖，而是我们在最自然状态下的一种精神的表达。享受孤独带给你的真实体会，只有在这个时候你才能很认真的倾听到自己的心声。你需要在迷茫的时候让自己静下来思考，思考你需要的是一种什么样的幸福。这是一个很简单的故事。曾经有一个叫海伦的女人，她从来没有离开自己的家门，但她在绘画方面却有着超乎常人的天赋，她既没有坎坷的求艺之路，也没有不分昼夜地下苦工，而是按照自己的想法去作画。她就像她母亲所说的那样：“她是在画板上出生长大的。”海伦执起画笔在画板上那么轻轻的一画，就已经注定了她会成为世人瞩目的绘画大师，年纪轻轻的她便拥有了令很多人艳羡的名望和荣耀，很多人慕名前来求画。

她总是喜欢在无人的夜晚里，开着昏暗的灯光，任凭自己的思绪在画板上勾勒出美妙的图画。哪怕是画好的画随风飘扬，都不能停止她忘情地挥毫。每次画好之后，她总是喜欢一个人孤独地站在窗口，呆呆地望着远处。她在寂寞的夜里显得那样的安静而又忧伤。我想这也许是她最真实的存在吧，对于她自己生存的世界，孤独也许才是她精神世界里的最真实的代号。

她的母亲想让她去看看外面的世界，她也曾经试图劝说自己到人群中看一看。但是当她真的走出家门的时候，满眼都是自己不熟悉的房屋建筑，人流攒动。她说："外面的世界对我来说是一个太大的屋子。有太多的风景，太绚烂的色彩，太多的灵感。如果让我离开这间屋子，那我宁可舍去自己的生命，因为我觉得我从来没有为任何人存在过。"

她的确是一个天才，却也只适合生活在天才的这个世界里。所以在我们看来她绝对是一个异类。尽管人们无比欣赏她那出神入化的画技，但在华灯初下之时，孤独伫立的却只有她一人。其实，在生活中，你也会发现，当我们非常专注一件事情的时候，我们就会沉浸在那个世界里。纵然外面有太多的诱惑，也无法打动，孤独并不是我们每个人都能做到的，它需要一种勇敢的信念来支撑，如果你坚持到了最后，那你就是成功的，因为你是在自己缔造的幸福里徜徉。

内心强大，才能傲视一切

罗根·史密斯说过这样一段话，言简意赅。他说："人生应该有两个目标。第一，是得到自己所想的东西；第二，是充分享受它。只有智者才能做到第二步。"

如果你想知道怎样将在厨房水池边洗碗的经历变成人生一次难得的经历的话，那么请你读一读波姬·戴尔的《我希望能看见》。作者是一位几乎失明了50年的女人，她在书中说道："我只有一只满是疮疤的眼睛，只能靠眼睛左边的小洞来观察世界。我看书的时候，必须把书贴近脸，然后努力把眼睛往左边斜。"

就是这样一个可怜的人，她拒绝别人的怜悯，不要别人给她特殊的照顾。她小时候渴望跟其他孩子一样玩"跳房子"，但由于看不见地上的线，不得不在她们回家后趴在地上，将眼睛贴到线上看来看去，牢牢记住玩的地方。不久，她成了跳房子的高手。读书的时候，她把大字印的书紧紧贴在自己脸上，不管眉毛碰到书了没有。就这样，她得到了常人也很难获得的两个学位：明尼苏达州州立大学学士学位和哥伦比亚大学硕士学位。

在明尼苏达州双谷的一个小村子里，她开始了自己的教书生涯。通过自己的不断努力，她成为了南达科他州奥格塔那学院新闻学和文学教授。她在那里教书13年，工作之余还在一些妇女俱乐部发表演说，还到一家电台主持读书节目。

奇迹总会发生的，1983年，她52岁的时候，通过手术使视力提高了40倍。当一个全新的世界呈现在她的面前时，她发现这个世界是这么的可爱，这么令人兴奋，哪怕让自己在厨房水池前洗碟子，只要能看到这个世界，她都是开心的。她继续写道："我会玩洗碗盆里的肥皂泡。伸手进去，抓起一把泡泡，迎着光举起来，每个小泡泡里，我都能看见小小的彩虹散出灿烂的色彩。"

生活中渴望成功的女人很多。对于这些女人来说，她们并不是没有机会，也并不是没有资本，她们缺乏的往往是成功最需要的意志力。她们对于一些人生必须面对的困难往往缺乏"挺住"精神，因此她们输掉了人生、输掉了世界。我们常说坚持就是胜利。在人生的道路上需要坚持的事情很多，作为女人，对于美好生活的追求，更不能轻言放弃。

有些女人认为自己天生就是弱者的角色，要扮演好，就得"小鸟依人"。在经济上依附于男人，在遇到困难时，赶快找一个肩膀依靠，寻求最强有力的支持。这样的女人也许会受到某些男人的喜欢，但她们也交出了获取幸福的主动权。特别是当她们孤身一人陷入困境的时候，很容易走入绝望的边缘。

大多数女人都不会甘心做一个等待被别人赐福的人。因此，她们会尽自己最大的力量去改变生活现状。她们也早已明白，人生起起落落无法预料，当遇到逆境时，光想着依靠别人，寻求帮助，或者只是忧郁沮丧显然毫无作用。无论发生什么事情，无论有多么痛苦，都不能整天沉溺于其中无法自拔，不要让痛苦占据自己的心灵。困难来临时，要有勇气直面困难、打倒困难，以顽强的意志战胜困难。

我们常说女人要独立、要自强。很多女人在激烈的竞争中也抱着必胜的信念奋力拼搏，但失败却接二连三地出现。如果经历一次失败，就失去信心，放弃努力，往往会功亏一篑。事实上，人生从来没有真正的绝境，无论遭受多少艰辛，无论经历多少苦难，只要心中还怀着一粒信念的种子，只要不放弃，总能看到美好的希望。

希望是一种伟大的精神力量。一个人，即使一无所有、身陷绝境，只要他有希望，他也能拥有一切。

一次我在波士顿参加演讲，一个朋友给我讲了这样一个故事：

尤利乌斯·马吉出生在苏黎世郊区的一个贫困的农家。异常窘迫的家境，让他没有读完初中，便开始了艰难的打工人生。然而，多年过去了，他唯一的特长只是像父亲那样磨面粉。父亲曾悲哀地对他说：“你这辈子就是磨面粉的命了。”

马吉不甘心地回答父亲：“不，我不会一辈子迈着沉重的步子，一圈圈地推着两扇磨。”父亲撒手而去时，留给他唯一的遗产便是那两扇简陋的磨盘。望着那转了无数圈的磨道，望着那两扇默默无言的磨盘，不服输的马吉思索着走出窘境的途径。

20岁那年，马吉从朋友舒勒医生那里得知——干蔬菜不会损失营养成分。他想：若将于蔬菜和豆类放在一起磨，一定会磨出富有营养的汤料。那样，岂不可以让那些家庭主妇们熬汤更快速、方便一些?

他立刻借钱购置了设备，开始磨自己想象的那种汤料。就这样，一个灵感加上果断的行动，马吉很快便赢得了人们难以想象的成功——最早的速溶汤料。产品一投放市场，便大受欢迎。然而，马吉仍不满足，他的眼睛继续紧紧盯着那两扇磨盘，思索着接下来该磨出什么样的新产品。经过反反复复地试验，终于在1890年，他磨出了可以改变沙司、凉菜、鱼肉、汤和配菜味道的万能调味粉。后来，他又磨出了广为畅销的浓缩肉食品。到1901年，他已是拥有资产超过亿元的大型跨国公司的老板。

在苏黎世大学举办的一次演讲中，马吉自豪地告诉人们："即使命运只赠给我两扇简单的磨盘，希望也会给予我信心、智慧和执着，让我磨出自己亮丽的人生。"

与马吉不同的是，生活中有些女人每当深陷困境时，悲观、失望就会立即爬上她们的心头。在自己给自己不断施加重压的过程中，希望的种子在她们心中被压得过早夭折，悲观的情绪则像黑色的墨水一样迅速渲染了她们本来就脆弱的心。

女人身处困境时，需给予自己更多的肯定。如果你的心想要放弃，行动力自然会大打折扣，希望也会消失得无影无踪。只有心怀希冀的人才能用自己的努力磨亮人生。在这个充满竞争的社会，最后的冠军永远都属于那些百折不挠、永不放弃的人。

悲观才是最可怕的悲剧

我曾经在一个杂志上看过这样一篇报道。一名战士受伤了，他的喉部被碎弹片击中了，已经输过了六七次血。他不能张口说话，他给医生写了一张小纸条，问："我还能活吗？"医生说："能。"他又写一张小纸条："我还能说话吗？"医生又说："能。"听完医生的回答，他在小纸条上写道：那我还担心什么！

在生活中人们难免会遇到不如意的事情，你也会失望，会叹气。但是，你为什么停下来扪心自问："我的人生是最糟糕的吗？我还有什么可担心的？"你会发现，自己担心的所有事情，跟其他人相比实在是微不足道的，根本没什么大不了的。

生活中大约有90%的事情是对的，只有10%可能错了。我们要想让自己快乐，就该把自己的精力集中在那90%正确的事情上，不要理会那10%的错误。要是你想担忧、难过，想把自己整得死去活来的话，那就集中全部精力想那10%错误，不要理会那90%的好事吧。

在英国的很多新教教堂里都贴了"多思考、多感激"之类的话，正如这些标语一样，我们每个人都该把它们放在心上。多想想那些值得我们骄傲和感激的事情。这样，你的人生才充满力量。

《格列佛游记》的作者斯威夫特，可以说是英国文学史上最悲观的作家。他出身悲凉，有着黑色的童年，因此每年生日都穿上黑色的衣服并绝食一天，用这样的方式来祭奠自己的童年。

虽然经历过悲观绝望，但他也认为开心和快乐才是人生的正能量。他说："世界上最好的医生是它们三个——节食、安静和快乐。"

我们的生活其实每时每刻都享受着"快乐医生"的免费服务。只要我们把注意力放在我们所拥有的这一切上，这些财富远超阿里巴巴珍宝的财富。你愿意用一双眼睛换取一亿美金吗？你认为你的双腿卖多少钱合适？还有你的双手、你的听觉、你的家庭……这所有财产加一起，你会发现自己是多么富有，哪怕把这个世界上所有的黄金都给你，你也不愿意交换。

有多少人又能真正理解这些？很少。正如叔本华所说："我们很少想到自己所拥有的，却时刻想着自己所没有的。"这才是人生最大的悲剧。它带给人的痛苦，也许比历史上所有战争和疾病还要痛苦。

也许正是这一点，几乎毁了约翰·柏马的家庭，差一点使他"从一个正常人变成一个脾气恶劣的老家伙"。下面就是他讲述的自己的故事。他说："我从部队退役后，开始做生意。我夜以继日地努力工作，以换取一个更好的生活环境。一切进展得还算顺利。但很快我就发现问题了。当我踌躇满志为理想拼搏时，我发现自己没有渠道购买所需的零件和原料，这使我可能要放弃自己的事业。因此，我心里充满了担忧，从一个正常人变成一个脾气恶劣的老家伙，脾气越来越坏。情况似乎也越来越糟，几乎要毁掉我幸福的家庭。直到一天，曾是我下属的一个年轻士兵说：'约翰，你应该愧疚，这样子好像全世界只有你最可悲一样。即使放弃了你的事业又怎样呢？等条件成熟后你还可以重新来过。你本有更多值得感激的事，可你却把所有的精力都用在不停地抱怨上。上帝！我真希望我就是你。你看看我，只剩一只胳膊，还烧伤了半边脸，可我从来不抱怨什么。要是你继续这样子的话，不但会失去自己的事业，可能还要失去家庭、健康、朋友'。

这一席话像警钟一样，我发现自己正走向一条不归路。于是我决心改变自己，让自己回到正常的生活轨道上来。好在现在我已经做到了。"

我的另一位朋友露西莉·布莱克，在明白这个道理之前，几乎也快要崩溃了。我们认识很多年，曾一起在哥伦比亚大学新闻学院选修短篇小说写作。9年前她住在亚利桑那州的杜森城时，生活发生了很大的变化。让我们来听听她的故事。

"她是一个很有事业心的女性，整天忙得不可开交。一边到亚利桑那大学学风琴，一边在城里经营一所语言学校，同时还到沙漠柳牧场教音乐欣赏课。除此之外，她还要参加各种交际活动。有天早上，她突然病倒了，到医院检查是心脏病发作，得知这个消息后她整个人都垮了。医生除了留下一句'你必须躺在床上静养一年'，没说任何鼓励她的话，而她不知自己能否完全康复。

要在床上躺一年，像个废人一样，而且可能还会死去——这个情景把她吓坏了。她不停地问自己，自己到底怎么了？为什么是她？为什么她要遭此不幸？这个世界太不公平，她开始歇斯底里，心中充满怨恨。但不管怎么样，她不得不听从医生的话，躺在床上接受命运的宣判。她有个邻居，叫鲁道夫，是个艺术家。他对她说‘可能你觉得这样在床上躺一年太痛苦了，实际上也不完全是。你可以用这段时间好好认识自己。把自己的人生经历好好总结一下，我相信你的思想会有很大的提高，可能比你之前半辈子还能学习到更多的东西’。听了他的话，她试着转变自己的观念，心里感觉安静多了。她让自己尝试着学习新的价值观，阅读一些有用的书。一天，她听到一个广播电台的新闻评论员说‘你应该谈谈你自己了解的事情’。这样的节目以前她经常听过，现在才真正明白它的含义。她决心以后只注意那些对她生活有积极意义的事情。每天一早，她就让自己想一些积极向上的事情。她有着幸福的家庭，她的女儿很可爱，每天醒来收音机里都放着优美的音乐。她有足够的时间看书学习，她胃口很好，睡眠也不差。她还有很多要好的朋友，这使她的医生不得不挂一个‘每次只许接待一个客人’的牌子，而且限定时间……她应该为所有这一切感到高兴。”

事情已经过去很多年了，现在她的生活丰富生动。她很感激这一切的经历，那是她在亚利桑那州度过的最有价值、也最快乐的一年。至今她还保持着当时的生活习惯，每天早上想想自己值得骄傲的事情，这是她今生最宝贵的财富。有时候她真的很惭愧，因为她怕到死自己还不了解生活的真谛。

也许露西莉·布莱克并不知道，她所明白的正是萨缪尔·约翰逊博士在200多年前就发现的道理："养成观察事物积极面的习惯，比一年赚一千镑还要重要。"

我想告诉大家的是，这句话并非出自一个乐天派的人。说这话的人，曾经历过20年的痛苦，缺衣少食，终成为一代名作家和历史上最有名的演说家之一。

淡然面对人生的各种压力

几年前，我曾参加过一家广播电台的节目，被问到这样一个问题：“你觉得自己学的什么课程最重要？”

这对我来说是个很简单的问题，那就是思想的价值。别人要是知道你在想什么，就能了解你了。每个人的个性，一定程度上来说，都是由他自己的思想所决定的。人生的路程也就是思想的痕迹。爱默生说：“人就是自己整天想的那样……”否则，人怎么可能成为其他样子呢？我非常确定一件事，人们必须面对的唯一问题是什么是正确的思想。要是回答了这个问题，所有的问题都不再是问题。古罗马帝国的伟大哲学家阿流士说了一句决定人生命运的话：“思想决定生活。”

确实，倘若我们每天都快乐，整天想的都是开心的事，自然就得到了快乐。反之，要是整天想悲伤的事情，我们就感到悲伤；要是想恐怖的事情，我们内心就会充满恐惧；要是整天想邪恶的事情，就会导致心神不宁。害怕失败，失败就来了；孤芳自赏，朋友就远了。

这不是说心理暗示，也不是说我们要用乐观的态度看待所有的困难。绝对不是这样的，生命从来不是简单的。我这样说是为了让大家有个积极的生活态度，而不是以消极的心态看待生活中的各个问题。也就是说，我们要关注自身种种，但不能停留在忧虑上。关注和忧虑有什么区别？让我说得更明白一些。每次经过纽约市中心，遇到交通堵塞，我都很关注自己的处境，但我不会担忧。关注就是了解问题的关节，然后客观冷静地采取行动来解决；忧虑则是在狭小的圈子里打转转，一点点让自己疯狂。你是否快乐，就看你对人生、对世界万物的看法。完全可以这么说，思想决定生活。

人生完全可以是这样子的：一边面临重大困境，一边在衣襟上插上一朵花，潇洒地穿过闹市。我见罗威尔·托马斯就是这么做的。当时我正在协助他拍摄一部关于艾伦贝和劳伦斯在一战中的电影，真实记录了劳伦斯和他那支阿拉伯军队以及艾伦贝征服圣地的经过。影片中穿插了罗威尔·托马斯著名的演讲《巴基斯坦的艾伦贝和阿拉伯的劳伦斯》，这才在伦敦甚至全世界都引起了极大的轰动。

为了让这惊艳的故事出现在卡文花园皇家歌剧院，伦敦的歌剧节不惜延迟6周。果然，这部片子在伦敦获得了巨大的成功，之后罗威尔·托马斯就到世界各地四处旅行。经过两年半的准备，他准备拍摄一部关于印度和阿富汗生活的纪录片。这时，接二连三的厄运来了，他破产了。

我们当时经常见面。我清楚地记得，我们不得不到街头小饭店吃廉价的食品。要不是著名的苏格兰画家詹姆斯·麦克白接济，恐怕我们连这样的东西都吃不到。

这不是问题的关键，关键问题是，面临债务危机。罗威尔·托马斯虽然很重视，但却没有忧虑。他知道，要是自己再垂头丧气的话，就真的灰头土脸了，尤其是面对着债权人的时候。所以每天出门时，他都在自己的衣襟上插一朵花，然后昂首挺胸地走出去。他心中充满了勇敢和积极的想法，绝不会让挫折击倒他。在他看来，挫折不过是生活经验中的一种，是攀登事业高峰必经的有益训练。

几年前，我曾参加过一家广播电台的节目，被问到这样一个问题："你觉得自己你经常面临的问题是什么？"当然，这个问题的答案我相信和大多数人都一样，那就是压力。生活的压力，工作的压力。是人们必须面对的。

学会适当放松的人是真正懂得生活的人。因为他知道，什么时候要紧张，什么时候需要放松，什么时候张开自己的翅膀飞翔，什么时候可以回到自己温暖的巢穴栖息。

女士们，你们或许感觉生活的压力很大，工作很累。事实上，在现代社会里，人们都有这样的感觉，其中还有很多人会抱怨说她们太累了，每天都生活在疲劳之中。

我曾经接待过一个名叫露易斯的女士，她说："卡耐基先生，我真的不知道生活对于我来说到底意味着什么？我每天都处在疲劳之中。白天，我要去上班，忍受着老板的责骂和那些烦人的文件的折磨；晚上下班回家，我还需要做家务，照顾丈夫和孩子。生活把我整得太累了，在生活中我完全体会不到一丝的快乐。"

我对于露易斯的情况并不是很了解，于是我问她："你为什么会感到疲劳？你每天晚上休息得好吗？"

很显然，露易斯对于我提出的这个问题感到很茫然，显然有些不高兴，“您不是在开玩笑吧，难道您认为那短短几个小时的休息能缓解一天的压力吗？”

听了她的回答，我感到很遗憾，因为直到现在为止，她还是没能对疲劳这个概念有一个正确的认识。导致她出现疲劳的原因就在于她自身吧。

事实上，人体产生疲劳的原因包括四个方面，分别是生理上的消耗、肌肉的紧张、忧虑的心情、烦闷的情绪。这些状况的出现都有可能导致人体疲劳。我一点儿都不否定，人的身体真的会产生疲劳，但不是每个人都会遇到这样的情况，大多数人是像露易斯女士一样，将疲倦的状态当成了疲劳。这中间就有一个问题：为什么用脑量并不大的女士们很容易产生疲倦，这是一个需要注意的问题。

其实，关于这一问题，我曾经请教过著名的精神病理学家唐纳德教授。他说：“不管你承认不承认，那些健康状况良好的脑力工作者其实从病理学上来说他们根本是不会疲倦的。如果他们真的感到疲倦，那就一定是由于自身的心理因素所导致，或者也可以说是情绪因素。”

我非常赞同这一观点，在疲劳人群当中，真正的身体疲劳是很少的，大部分的都是精神方面的，就像后来露易斯女士所承认的一样：“您说得很对，我每天确实都很疲劳，而这些疲劳实际上是来源于自身的忧虑和烦躁。我对自己的工作不满意，我对自己的家庭不满意，所以会很不开心、烦躁、忧虑，基本上每天我都是头疼回家的。”在实际中，像露易斯一样的女人或许还有很多，她们最需要的就是放松自己。事实上，很多疲倦都是由于紧张引起的，所以真正放松自己，才能够有效地解决疲倦这一问题。

放松自己，先要从外部开始，也就是要先学会放松身体。很多时候，我们的身体很奇怪，精神紧张时，肌肉也会紧张。所以放松自己的第一步就是要放松精神，再放松肌肉。

我们先从眼睛开始来做一个实验。女士们，请把你们放松的身体目标锁定在眼部，不过在这之前，你还要紧张一会儿，因为你需要看完这段文字，然后你要把自己的身体靠在椅子上，慢慢地、轻松地闭上你的眼睛。然后心里对自己说："放松，放松，不要皱眉头，放松，放松，接着放松……"这样的放松最起码要持续一分钟左右，然后将这种放松运动由眼睛扩展到全身。每当你疲倦的时候，你应该试试这样的方法。

著名的小说家薇姬·鲍姆曾经讲过这样一个故事：

那件事发生在薇姬童年的时候。有一次，调皮的薇姬独自一个人跑到野外去玩，不小心摔倒在路上，磕伤了膝盖。这个时候，正好有个老人走过来，把她扶了起来，老人一边帮她掸去身上的土，一边对她说："小姑娘，在我年轻的时候，曾经是马戏团里的小丑。你知道，小丑是需要做很多滑稽的动作来逗别人发笑的，而且很多动作是非常危险的。但是，我从来没有把自己弄伤过，因为我懂得如何保护自己。保护自己的方式很简单，就是要放松自己。小姑娘，你之所以受伤，就是因为你不懂得如何放松啊。要想真正地放松，你应该把自己想象成一个很旧很旧的手帕。"接着，老人教会了薇姬如何放松自己的方法，还再一次叮嘱她："记住，把你自己想象成一张很旧很旧的手帕，那样你就会真正的放松自己了。"

其实，在面对压力时，并不要去想太多，把他当做人生必须去面对的。然后学会调节自己，适应目前的状态。但是这种努力是值得的，如果你真的学会了放松，赶走了疲劳的话，你的一生都可能随之改变。

4

女人有涵养，气场才强大

气场强大不仅仅体现在女人外在的装扮，更体现在内在的涵养。内在的涵养之于女人是绝佳的化妆品，其魅力是时间无法打破，岁月无法磨灭的。每个女人都是塑造自己的工程师，需要提升自己的涵养来塑造自己，当青春已逝、容颜不在时，涵养会让你散发出夺目的光彩。让所有的成功、所有的赞美都聚集在你的周围。

身为女孩，本应强大

罗伯·怀特——哈佛大学的心理学家在他的一本名叫《进步的生活：性格自然成长的研究》一书中谈到在我们身边流行的一种观念。他说："每个人都要调整自己来适应周围的环境，这种观念使人们错误地认为得体就是尽自己最大努力来适应外界固有的生活方式、规则以及限制，或者屈从于成熟感的压力。然而这样做的后果只会让人迷失方向，丧失成长、自身的创造力和发展的潜力。"

对于怀特博士的观点我很赞同。现实生活中很少人有标新立异的勇气，很少人知道自己能代表什么。整个社会和经济群体支配着我们的思想和行为，使得我们必须和周围的人有着相似的生活和思想，否则的话就很难在这个社会上立足。

罗勃·史蒂文生写道："从现在一直到我们上床，不论任务有多重，我们每个人都能支持到夜晚的降临。不论工作多么艰苦，每个人都能让自己开心的工作，幸福的生活，这就是生命的真谛。"

他的话很有道理，生命对我们的要求就像他描述的那样。

但是，住在密歇根州沙支那城的薛尔德太太，在不知道“只要生活到上床为止”之前，确实精神极度颓废、崩溃，差点自杀。薛尔德太太对我说：“1937年我的丈夫死了，我又几乎身无分文，这令我十分恐慌。我给以前的老板奥罗区先生写信，请求他能让我做回我以前的工作。我必须告诉你的是，以前我的工作是推销《世界百科全书》之类的书籍。两年前，我丈夫病了，我卖了汽车。现在，我勉强攒足了分期付款的钱买了一辆旧车，打算重操旧业，靠卖书为生。

本来我以为，繁忙的工作会抵消我的颓废和不安。可丈夫毕竟不在了，我要一个人驾车，一个人做饭吃，一个人生活，这所有的一切令我无法忍受。况且，有些地方根本就卖不出去书，哪里还有什么业绩。虽然分期付款买车的钱数并不多，但我却很难付清。

1938年的春天，我开车来到密苏里州的维沙里市。这里的路很不好走，学校又都很穷，业绩更少了。我一个人在那里孤零零的，十分沮丧。我觉得生活没什么希望，根本看不到成功的出路。我每天早上还要面临分期付款的车钱、房租、食物，万一有个病啊、灾啊什么的，那更无异于天塌下来了。我绝望得差点自杀。之所以最终没有自杀，那是因为担心我的姐姐会难过，而且她又没有钱支付我的丧葬费。

有一天，我读到一篇文章，就是这篇文章让我有勇气活了下来。这句话我永远感激：‘对一个聪明人来说，每天都是一个新人生’。这句话足以令我精神振奋，我把这句话打印出来，贴在汽车前面的挡风玻璃上，为的是我开车的时候能随时看见它。我发现，每次只活一天一点都不难，忘记过去，不想将来。每天早上起床时，我都对自己说‘今天又是一个新的人生’。

就这样，我很快摆脱了孤寂和恐慌。现在我很快乐，也算得上成功，对生命充满热情和关爱。我知道，无论生活中遇到什么，我都不会再害怕。因为，每次我只要活一天，而‘对一个聪明人来说，每天都是一个新人生’。”

约瑟夫·爱森鲍尔在洗衣店做了25年的送货员。然而，他突然被解雇了。对于他这样的一个中年人来说，想再找一份工作并不容易，何况，他没有受过任何特殊的训练。爱森鲍尔夫妇正愁找不到工作，恰好有一家面包店想转让，价钱又不是很高。但是，他们必须把所有的积蓄都拿出来才能买下这家面包店。

爱森鲍尔太太聪明得很，她知道，一切都才刚刚开始，在生意没有步入正轨之前，他们没钱去雇佣工人。所以，每天做完家务事后，她就在面包店里招呼客人，热心地经营着小店，经常要站十几个小时。任何人在如此繁重的劳动面前都会打退堂鼓的，可他们夫妇却熬过了这段日子。她说：“我知道，这是给丈夫一个重新创业的机会。所以，我做这些事时，感到非常开心。5年过去了，我们的面包店经营得很好，业务特别多，生意特别好，可以轻松应付所有的开支。我们为自己能够凭借自己的努力重新创业而感到十分骄傲。”

在丈夫失业时，许多妻子都不愿意去做一些事情，在她们的思想里，无论何时，丈夫都应该承担起家庭责任来。于是，整个家庭的经济就开始日见窘困了。这些妻子没有明白，只有她们自己给予丈夫一定的帮助，才能挽回困窘的局面。

乔那森·威特·施坦太太是我的一个熟人，他们一家住在新泽西州。她在这方面做得很好，甚至改变了整个家庭的生活方式。

几年前，施坦太太遇上了麻烦。她的丈夫原本是做推销员的，突然，他生了一场重病，不能再工作了。该如何养活这个拥有5个孩子和两个大人的大家庭呢?

施坦太太仔细思考了一下她能做的事。她做不了、也没有经验去做办公室的工作，只有制作餐点是她最拿手的事：她会做生日蛋糕和婚庆还有宴会甜点。她还很喜欢做点心，从前，她就经常帮助朋友们做一些特别的点心。施坦太太把她的想法告诉了朋友们，她们可以在需要宴会的点心时请她去做。施坦太太的点心做得棒极了，很快就在人们中间传开了，订单也接踵而来，她必须要请助手才能应付得了。因为所有的点心都是在家里做的，所以丈夫和孩子就成了她的助手。

生意出人意料地红火，她必须雇一名长期员工才能应付大量的订单。施坦太太成了专门承办宴会餐点的人。她为50英里内的宴会制作各种餐点，她还把自己的拿手好戏——开胃菜包装起来，到冷冻食品市场去卖。后来她还成了宴席顾问。

施坦太太的灵机一动实在是太成功了！现在，施坦先生做了营业经理，他们夫妻俩的合作简直是太完美了。

施坦太太说：“我喜欢创造新式点心，不喜欢计算价钱，成本，还有开账单，我让我丈夫来管这些生意上的事。我们的分工是非常合理的。”

有谁能知道自己有什么麻烦呢？当灾难降临时，经济上会出现困窘的状况，只好亲自去赚一些或者所有的家庭费用。所以，我们就要立即找到我们能够用得上的才能，来应付突如其来的危机。

面对突如其来的危机，女人更要内心强大，因为她们是整个家庭的精神支持者。

谁没遇过挫折

生命并非总是一段快乐的、充满幸福的旅程。没有什么快乐可以永远地持续下去。生命的历程有时是一片光明，有时会陷入黑暗；有时处于人生的巅峰，有时又会跌入低谷；有时阳光明媚，有时阴云密布。挫折是人生旅途中必经的一站，如果我们在遇到挫折时不勇于面对，那么，挫折并不会因为你的逃避就不存在。真正的强者会勇敢地接受生活的考验，在哪里跌倒，就在哪里爬起来。

让我们来看一下布朗太太的遭遇吧：1945年8月，日本宣布无条件投降后的第二天。玛丽·布朗回到了她在加拿大渥太华的那个空荡荡的家。

在几年前的一次战争中，玛丽·布朗的丈夫丢了性命。不久前，她的母亲也去世了，更大的灾难继而降临在她的头上，她说："街上锣鼓喧天、汽笛长鸣，人们在欢天喜地地庆祝胜利，我那唯一的孩子，唐纳德永远地离我而去了。我失去了丈夫和母亲，现在，只有我一个人孤零零地活在这个世界上。参加完儿子的葬礼，我走进家门，那时，我感觉自己是如此的孤单，我的家荒如原野，寂静得像死了一样。悲伤和痛苦占据了我的心。我害怕一个人这样寂寞地活下去，我怕自己不能适应这种生活，内心的痛苦快把我逼得疯掉了，生活太让人难以承受了。”

布朗太太就这样一天天地沉浸在悲伤、恐惧和孤独中。她感到痛苦而迷惘，她觉得不能接受发生在自己身边的一切。

后来，她还是做一些自己感兴趣的工作。随着时间的推移她慢慢走出了心理的困境。后天她说：“我渐渐地明白，时间是最好的疗伤良药。可时间过得太慢了，我知道，我必须用工作填满我的时间。时光就这样一天天流逝，慢慢地，我发现自己又可以饶有兴致地生活了，我开始关心同事和朋友。一天早晨醒来后，我发现我已经走过了那段最难过的日子，我相信，未来会变得更好。以前，自己痛苦得不能自已，逃避现实所给我的一切，那是多么傻啊！时间让我明白，我不能改变一些注定的东西。这个过程是缓慢而漫长的，想要在短时间之内有所改变是不行的，人需要一点一点地转变。最重要的是，你决心要改变。现在，回首那段黑暗的日子，我感觉自己的人生就像一条与急风暴雨搏斗后安全回归的船，终于能够停泊在一个宁静的港湾里。”

对于一个女性来说，像布朗太太那样的遭遇实在是太惨了，简直让人难以置信。这时，她唯一能做的事就是勇敢地去面对现实。布朗太太强迫自己面对已经失去所有亲人这一残酷的现实，她让时间去治愈心灵上的伤口。当初，她拒绝面对现实，沉浸在痛苦中不能自拔，实际上那是让痛苦在继续伤害自己。

当意外撕开我们幸福的彩缎时，我们唯有依靠时间去修复。但是，我们必须让时间有机会来修复。当我们最初遭遇不幸时，仿佛全世界的钟表都停止了摆动，我们心在那一刻成了碎片。但我们必须别无选择地向前走，完成人生赋予我们的使命。

当我们强迫自己继续前进的时候，在时光的流逝中，痛苦也会渐渐减轻。终究会有那么一天，当我们缅怀过去时，浮上心头的只是幸福和甜蜜，而不是令人心碎的回忆。只要我们勇敢地接受现实，拒绝沉浸在痛苦之中。那么，在我们自我疗伤时，时间会成为我们最好的帮手。

灾难不是生命意义的终止。有时，它只是催促我们马上行动的催化剂，它刺激着我们的神经，让我们主动去改变自己的状况。智慧与灾难使我们走出人生的沼泽地。印度教神祇柯瑞斯纳曾经说过："一个人是否真正幸福，不在于那些温和而客气的祝福，而是在于他是否勇敢地接受他所面临的苦难与不幸。"

我们的人格在这种勇敢面前得到了升华，我们的人生因此而丰富。此时，我们就像秋天那些结满了硕果的树木一样，那些深埋在我们内心深处的智力与能力被我们面临的困苦发掘出来。如果我们没有遭遇这些苦难，这些能力与智慧会在我们体内沉睡不醒。哈姆莱特说过："当你面临如海一样的苦难时，勇敢战胜它吧！"

有一个住在威斯康星州的妇女，她是她们社区的榜样。她不但从自己的痛苦中走了出来，还去安慰那些和她一样痛苦的人们。她的儿子是二战时的飞行员，23岁时，在一次军事行动中光荣殉国了。作为母亲，她痛苦得不能自拔，但她说，她并不需要别人的同情。她说："我认识很多母亲，她们从不知道什么叫幸福。她们的儿子不是患有脑瘫病，就是患有精神病，身体残疾，不能报效祖国。还有许多女人盼望自己能有一个儿子，可就是盼不到。我的儿子非常出色，23年来，我和他一起度过了这些幸福而快乐的日子。在我接下来的人生中，对他的美好回忆将永远伴随着我。所以，我必须服从上帝安排，现在，我所能做的就是让那些在军中服役的儿子们不必担心他们的母亲。"

她正是这样做的。她不懈地工作着，去慰问军人的家属或者去看望那些受伤的战士。作为一个拥有成熟人格的母亲，她将自己的所有精力都放在帮助别人的事情中去。她如此忙碌，以至于没有更多时间品尝自己的痛苦。

作为一个强者，就算面对再多的困难，他还是会选择迎难而上。康涅狄格州的梅耶·西蒙曾经告诉过我一个故事，那是一个男孩不屈服于命运的故事。

西蒙读大学时有一位叫麦克的室友，他是一个很讨人喜欢的男孩，是一个勇敢的人。1948年，21岁的麦克参加了阿以之间的那场战争。麦克的眼睛在一次流血冲突中受伤，最后双目失明。他忍着阵阵的剧痛，脸上却始终挂着笑容。他跟其他伤员们开着玩笑，把自己的烟糖跟兄弟们一起分享。

医生绞尽脑汁地想帮麦克恢复视力。一天早晨，他的主治医生走进了麦克的房间，他想跟他谈谈。

医生说："你知道，麦克，一直以来，我都认为医生应该告诉病人他们真实的病情，我不能欺骗病人。麦克，你也许再也看不见了。"

房间寂静得吓人，时间也仿佛因此而停止了。接下来，麦克轻声地说：“医生，我知道会有这样的结果。从一开始，我就猜到会是这样，但是，我还是要向您表达我深深的感激之情。”

过了几分钟，麦克对他的朋友说：“既然如此，我也没什么好绝望的。虽然我看不见：可我还能听得见，还可以说话。我身体好，行动没有任何问题，我想政府会资助我学一门手艺，那我就可以自力更生了。我会让自己重新开始的。”

光明就在这位盲人士兵的心里。他很珍惜人们对他的祝福，来不及去抱怨他所面临的不幸，面对人生的挫折，他勇敢地接受了命运对他的考验。无论是你，是我，还是我们身边的每一个人，都可能在人生的旅途中面临着这样的考验。一个老问题已经被人问了无数遍：“为什么偏偏是我？”对于这个问题，只有一个答案：“为什么就不能是你？”

上帝在这方面并不对谁好一些：人们在享受人生的快乐时，也要承受人生所带来的痛苦。生活中的磨难是不偏不倚的，人们都有同样的机会遇见它。不管是君主还是乞丐，诗人还是农民，当人生的磨难降临在他们头上的时候，他们所承受的痛苦是一样的。只有年轻人或者拒绝长大的人会对此感到痛不欲生，对磨难恨之入骨。因为他们不明白，磨难只是人生的一部分，它和出生、死亡、纳税一样寻常。

感谢命运，做梦想的王妃

有一天我到芝加哥大学访问哈欣校长。当时我正在着手写这本书，向他请教人们应该怎样对待人生的问题。他答道："我一直严守一条原则，席尔斯百货公司总经理罗森华告诉我的，他说：如果眼下只有一个酸柠檬，就想办法做杯可口的柠檬汁吧！"

芝加哥大学就是这样教育学生的，可很多人却正好反其道而行之。例如人们发现命运抛给他一个酸柠檬，他会立即抛掉，并说："完了！我真命苦！上天对我如此不公。"于是他看整个世界都不顺眼，并且自暴自弃。如果得到柠檬的人很明智，他会说："这次失败教会了我哪些道理？目前的处境该如何改变？怎样才能把这个柠檬做成柠檬汁呢？"

"人具有反败为胜的力量，"伟大的心理学家阿尔弗莱德一生都致力于研究人类及其潜能，他曾声称发现了人类特性中这种最神奇的力量。

我现在要讲的这个故事正符合了阿尔弗莱德的这句话。一位名叫瑟玛·汤姆森的女生向我诉说她的历程："战争期间，我丈夫驻摩亚沙漠的陆军基地。为了能经常夫妻相聚，我到那附近去居住生活。可是那地方实在太糟糕，我简直没见过比那更糟糕的事情，环境更恶劣的地方。当大家外出参加军事演习时，我就只好孤零零地待在那个小房子里。天热得要命——在仙人掌树荫下的温度甚至达到华氏125度。没人和我交流，陪我聊天。狂风卷着沙子常常袭来，所有吃的食物、呼吸的空气中都充满了沙尘！

我觉得自己是天下最倒霉的人，可怜自己悲惨的命运。于是，我写信给父母，告诉他们我准备放弃了。我一定要回家，我一秒钟也挨不下去了，我不想在这个鬼地方坚持下去了，我宁愿去坐牢。父亲的回信只有三行——可父亲的话却常常萦绕在我心中——这改变我一生的三句话即：

两个犯人在监狱由铁窗向外望，

一人看到泥泞满地，

一人看到满天星辰。

这几句话我反复诵读了好几遍，心里很惭愧。我决定审视我目前处境的益处，我要搜出那灿烂的满天星空。”

“我开始诚意与土著居民交朋友，他们的回应使我感动。当我很有兴趣地欣赏他们的编织与陶艺时，他们会把表示友谊的心爱珍品送给我，而观光客想出钱买，他们都没卖。我研究品种不同的仙人掌及本地奇花异草，我还试着在每天的黄昏欣赏沙漠的落日美景，寻找300万年前的贝壳化石，在300万年前，这片沙漠曾是海底。”

“为何我的转变如此惊人呢？沙漠环境并没有变，变的是我的心。因为心态的转变，我在这儿的生活如此精彩。这番新开辟的天地令我既激动又兴奋。我决定写一本书——一本小说……我从故步自封的牢房中看出去，发现了美丽的星辰。”

瑟玛所发现的真理，正是耶稣诞生500年前希腊人所发现的：“境由心生。”

20世纪的佛斯狄克曾说过：“真正的快乐未必是愉悦的，它多半是某种胜利的感觉。”没错，快乐源于某种成就感，某种胜利的逾越，类似将柠檬榨成柠檬汁的过程。

英国作家威廉·波利多曾写道：“人生中最重要的事并不是恣意挥霍，任何人都可以做到。真正重要的是如何扭转亏空的局面，反败为胜，这需要智慧，而且显示出人的智力优劣。”

我认识一位丧失双腿的人，也能从失败中获益，他叫本·佛森。在乔治亚州的一家旅馆电梯中偶然遇到他。步入电梯时，我注意到心情愉悦的他下半身不存在，他坐在电梯角落里的轮椅上。当电梯停在他要去的楼层时，他友善地请我让开，以便他顺利移动轮椅出去。“对不起！”他说，“劳驾你行个方便！”脸上现出和蔼的笑容。

走出电梯回房时，这位开心的残障者，我实在忘不掉。于是我找到他，请他给我讲讲他的故事：

“事情发生在1929年，”他微笑着说，“有一次，我到山上去砍伐木头，把木材堆上车，然后开车回家。忽然一根木棍滑下来，就在我急转弯时，木条卡在车轴内，我立即被摔到一棵树上，伤到了脊椎骨，于是双腿就此瘫痪。当时我才24岁，从那以后，我再也没站起来过。

24岁这样黄金般的年龄，就要在轮椅上度过一辈子！我问他如何能勇敢地面对这个残酷的事实。他说：“我不能！”

他说当时极度怨恨，命运竟如此捉弄他。但随着年岁渐长，他感觉怨恨对自己毫无帮助，自己反倒变得尖酸刻薄不通人情。“我终于认识到，”他说，“别人和善礼貌地待我，我也应该礼貌和善地回应对方。”

我又问他，这么多年过后，那次事件对他来说还是个不幸吗？他说：“不！我现在感谢这件事的发生。”他给我讲述了双腿残疾后他的人生经历，从那以后他找到一个不同的生活世界，他开始读书并对文学产生了兴趣。14年来，他至少读了1000本书，这些书开拓了他的眼界，丰富了他的人生，这比他以前所能想象的生活还要精彩。他还学会了欣赏美妙的音乐，以前听到音乐他就打盹现在交响乐令他感动。然而最重大的转变，还是他开始认真思考。“有生以来第一次，”他说，“真正用心观察世界，体会人生价值。我终于悟到从前那些无聊琐事，毫无真正的价值可言。”

由于大量读书，他逐渐对政治产生了兴趣。他开始研究公众问题，坐在轮椅上演讲！他开始认识大家，而人们也开始结识他。他坐在轮椅上，就任于乔治亚州州秘书长一职。

研究那些成功人士越多，我越深信他们的成功主要归因于失败激发了他们的潜能。威廉·詹姆斯说过：“人们最致命的弱点，激发了人类无可衡量的潜力。”

确实如此，如果弥尔顿不是失明，可能写不出精彩的《失乐园》等诗篇。贝多芬则可能因为耳聋，激发他完成了动人的音乐作品。

海伦·凯勒的伟大创作也完全是受到失聪失明的激发。

如果柴可夫斯基的婚姻没有悲惨凄凉到那种程度，使他几乎想到自杀，大概也会创造不出不朽的《悲怆交响曲》。

由于本身命运悲惨，托尔斯泰与陀思要耶夫斯基才能写出流传千古的动人小说。一位使人类科学观发生巨变的科学家说：“假如我不知道自己的无能，我就不可能完成所有这些工作，我需要付出辛勤努力才能完成。”这是达尔文的自白，坦率地承认他自己受到弱点的刺激。

达尔文在英国诞生的那天，另一位婴儿也诞生在美国阿肯色州的小木屋里。他的潜能激发也是由于自己的不幸，他就是亚伯拉罕·林肯。如果他的家庭富有，获得哈佛大学的法律学位，婚姻美满，那么在盖茨堡那深刻动人、万年不朽的词句，可能永远没人发表了，更别提他就职时的演说了。

宽容是女人对自己最大的解放

在孩子们眼里，丽莎是一个严厉的老师。只要稍加留心孩子们与丽莎相处的情形，你就会看出，这些孩子拘谨而胆怯，甚至不愿和丽莎说话。这样的局面是丽莎都没有料到的，对她而言，是为了孩子们好才会那样做的！一直以来，丽莎为了让孩子们好好学习，对他们十分严格：如果哪个孩子犯了错误，丽莎都会严厉地批评他，但却收效甚微。为此，丽莎感到很泄气，她觉得自己就像一个萎靡不振的失败者，渐渐地，她对自己的工作失去了信心，生活也不开心。

有一天，丽莎突然意识到问题出在哪里了，她对自己说：“假如我少批评他们一点，多原谅他们的一些错误，对他们多一些关怀，情况是不是就能好转呢？”

于是，她决定试一下。她换了一身充满活力的鲜艳的衣服，满脸笑容地走进学校。在走向教室的小路上，丽莎还在全神贯注地想着她的这个新设想。突然，一个皮球从后面飞过来，狠狠地击在她后背上，她吓了一跳，回过头来一看，原来是她班上调皮的迈克干的。在丽莎面前，迈克吓得像傻了一样，都忘了把球从地上捡起来。要是在以前，丽莎肯定会狠狠地训他一顿，但今天她轻松地耸了一下肩，表示不介意。迈克说了句“对不起”便跑开了。在课堂上，丽莎也不像以前那么严厉了。她没有过分地指责孩子们的坐姿是不是端正，回答的问题是不是正确，是不是在全神贯注地听她讲课。更让孩子们惊讶的是，她甚至没有批评没能按时交出作业的捣蛋鬼保罗，她只是笑着对他说他一定能在下次把作业交上来。就这样，她用乐观而宽容的心态和孩子们过了一天。

放学时，一向羞涩的琼对丽莎说：“老师，今天你好漂亮啊！”丽莎自己也是这么觉得，她似乎从来没有像今天这样开心，她充满了自信。毋庸置疑，她的改变是成功的：学生们回答问题准确而敏捷，全神贯注地听她讲课，真是太可爱了。这让她明白了一个道理，那就是：要以宽容之心对待别人。

一位女士在中途登上开往费城的火车。她走进一节车厢，挑了一个位置坐下。这时，一位略显肥胖的男士走了过来，坐在了她对面的座位上，然后，他开始抽起烟来。这位女士忍不住咳了几声，并且表现得很是烦躁。可这位男士并没有注意到对面这位女士的反应，终于，女士忍不住开口说：“你是外国人吗？你不知道车里有一个专门的吸烟车厢吗？这里是禁止吸烟的。”那个男子一句话都没说，很顺从地把香烟掐灭了。

不一会儿，一名列车员过来礼貌地请她换个车厢坐，因为她坐的是格兰特将军的私人车厢。女士听完后十分惊讶，她显得有点慌张和害怕。在站起身往门口走之前，她看了一眼格兰特将军，那位抽烟的男士正是将军，一动不动，脸上没有任何取笑她的表情，也没有让她有什么难堪，和刚才一样，他表现得宽容而大度。

卡里尔说："伟人之所以伟大，就在于他们宽容和体谅着普通人。"许多伟人之所以受到人们的爱戴，很大程度上就是因为他们身上具有宽容的美德。对于普通的女性而言，具有宽容的美德会使她显得更有涵养，魅力四射，令人无法忽视。

如果你想拥有一颗宽容的心，这里有条不错的建议。德军有一条实行已久的军规："当你对一些事十分不满时，你不能立即表示出来。你一定要忍耐一晚上，等相信可以让那些唠叨的父母、喋喋不休的妻子、挑剔的雇主和一些故意刁难的人变得心平气和起来，许多事端就不会发生。"

推罪及人而不反躬自省，这是每个人都有的毛病。所以，如果有一天你突然想苛责别人，就想一下在我们生活中的那些鲜活的事例，然后正视这个事实：无论我们所要批评的人是否做错，他都会竭力为自己的行为和做法寻找借口，甚至反过来挑你的毛病。

不留情面地严厉批评一个人，哪怕批评得完全正确，也会让人对你恨之入骨、记恨你一辈子。与其说人是一种有逻辑、有理性的动物，还不如说人是一种充满感情、偏见和虚荣的动物更为恰当。尖刻的批评会伤害他们心中浮夸的虚荣与自尊，有时，还会引来一大堆麻烦。

世界上最笨的人也会批评、咒骂、抱怨他人，并不是每个人都能学会体谅和宽容，只有拥有成熟人格的人才能如此。

如果我们恨我们的仇敌：就相当于让他们变相地胜利了。那种仇恨使我们睡不好觉、吃不下饭，我们的血压、健康和快乐会因此受到影响。如果我们的仇敌知道我们如此地为他们而苦恼，他们令我们满心怨恨的话，他们肯定会高兴得手舞足蹈。我们心中的恨意根本不能伤害他们，而我们自己的生活却像在地狱中一样。

迷尔瓦基警察局曾发出过一个通告：“如果一个自私的人想占你的便宜，不要去理会，更不要报复。如果你一直想跟他分个高低，那么，你伤害不了他多少，只能伤害你自己……”报复怎么会伤害你呢？《生活》杂志报道说：“如果长期处于愤怒状态的话，高血压和心脏病就会随之而来。”所以，上帝所说的“爱你的仇人”不仅只是一种道德上的修养，更是在教我们如何才能健康地生活下去。不仅如此，这也是在告诉女人如何使自己更有魅力。因为怨恨，许多女人的脸生出了皱纹，她们表情呆滞，美丽的脸孔变了样子。其实，如果想让女人更美丽，让她心中充满宽容和爱是最好的美容方式，其他的方法连其一半都不如。

如果心中充满怨恨，我们就不会有好的胃口去品尝美味佳肴。《圣经》说：“心怀爱心地吃蔬菜，比心怀怨恨吃牛肉要好得多。”

也许，我们确实很难做到像圣人那样，去爱我们的仇敌。但是，你要会爱自己，为了我们快乐而健康地生活，我们可以去原谅他们，忘记他们，这样做是非常明智的。因为我们不能让敌人控制我们的快乐、健康和外表。有人问艾森豪威尔将军的儿子约翰，将军是否会记恨别人。他骄傲而肯定地回答：“不会，我爸爸从来不浪费哪怕一丁点儿时间去想那些自己讨厌的人。”

教养是女人永恒的气场源

俗话说："一滴蜂蜜比一斤胆汁更容易粘苍蝇"。我们从中可以学到与人相处的秘密所在。聪明的做法，就是用一滴蜜去润泽一个人的心。

当你对别人发火、出言不逊时，你会暂时感到解气，对方却难以接受，你这种充满火药味的态度只能人为树敌。

威尔逊总统说过："要是你对我握拳头，当然我的拳头会攥得更紧。但是，要是你对我说：'让我们坐下来交流一下，看看为什么我们会意见不一。'我们都会发现，我们之间并没有多大的分歧，异议只是少部分的，大多地方我们的看法还是一致的。所以，只要我们彼此真诚地交流，以诚待人，我们双方就会互相理解。"

小约翰·洛克菲勒就很明白这个道理。1915年对洛克菲勒来说是不利的。当时，科罗拉多的大罢工已持续了两年多了。矿工们都异常生气，他们纷纷要求科州煤炭钢铁公司增加薪水，这个公司的老板就是小洛克菲勒。当时，工厂设备已经遭到严重的破坏，军队的参与造成更可怕的流血事件，因此死了很多人。

最终，洛克菲勒成功地让愤怒的工人同意了自己的意见。原因何在？让我们来听听事情的经过：洛克菲勒先用几个星期的时间去和工人接触，和他们交朋友，然后为愤怒的工人代表发表了一场激动人心的演说，大罢工就这样被神奇地平息了，不少人因此对他崇拜不已。由于他说了实话，工人们都回去工作了。

这场著名的演说充满了友好的语气，我节选了一些开场词，就是这些开场词让前几天还叫嚷着要把他吊死的群众平息了怒气。他言语之间充满了友好和礼貌，出现了很多诸如此类的语句，“今天很荣幸见到大家”、“我去过你们的家”、“看望过你们的妻子和孩子”、“我们今天应该是不再陌生的朋友；让我们交换一下意见”、“让我们抱着互助友爱的态度”、“为了大家共同的利益”、“我在此的目的就是承蒙各位的支持”等等。

他是这样开场的：“今天是值得我一生纪念的日子，我第一次荣幸地跟这家大公司的工人代表、职员和监工齐聚在一起，对于这场聚会，我今生难忘。在两周之前，我们彼此还不熟悉，我只认得你们中的其中几位。但是上周我有幸拜访南区煤矿所有的工人宿舍，跟大家都谈了心，聊了天，认识了各位的太太和儿女。今天我们再见面，我们再不是陌生人了，而是朋友，以后我们将彼此互敬互爱。今天，能和大家讨论一下我们都关注的问题，我感到十分高兴。”

“厂方职员和劳工代表都在这里，我在这里就是承蒙各位的支持。现在我觉得我们像一家人，因为你们代表了公司的所有员工和劳工，而我就是我们这个大家庭的股东和董事们。”

巧言令色是能化解仇恨的，这不就是一个很好的例子吗？

如果当时洛克菲勒去和工人争辩，使用权力恐吓，或根本就说工人们是错误的，甚至用逻辑推理得出自己正确的结论，会出现什么结果？只能让工人们闹得更凶。

要是一个人真的对你很有意见，任凭你怎么用逻辑推理他都不服气——注意，苛刻的父母，严厉的上司、丈夫，唠叨的妻子——这都是一些固执的人，一般不会随便苟同别人。但有一点可让他们不那么固执，那就是和善谦虚的态度。

丹尼尔·威伯斯特是一位非常著名的辩护律师，他最大的特色就是在辩护时很友善，就像耶和华一样安静。他就是这样来表达最具威力的论调的。如“这点让陪审团来商讨一下”、“可能真的需要我们深思”、“相信在座各位不会忽视这几件事”、“相信各位对人性有着更深刻的了解，很容易看出这件事的本质”。没有恐吓，也没有使用高压手段，更没有将自己的观点强加到别人身上。

波士顿一直是美国的教育和文化中心，我从来都没想过自己有一天会到那里。但在我们培训班上课的毕博士当时恰好在波士顿，他就亲身经历这件事。

30年后，他就在班里讲出来了：当时，波士顿的媒体上都是些堕胎方面的所谓专家和差劲医生的骗人广告。他们以行医为名，用危言耸听的语言来诱使人们上当，会说“你将丧失性功能”之类的话来吓唬大家。他们让人相信自己的方法就是让大家害怕，实际上并没有真正为大家治病，有些“堕胎专家”反而让很多人差点丧命，自己却逍遥法外，只交些罚款或找人通融一下就没事了。

这些赤裸裸的恶行终于惹恼了波士顿的群众。传教士们用不停的演说来攻击报纸，希望上帝的帮助能改变这一局面。社会上的各种团体团结一致，一起抗议报纸和不法医生。州议会也不停地开会来讨论这个问题，想宣布这些骗人的广告是违法的。但这些人的努力统统不起作用，所有的努力都抵不上背后金钱和权利的力量。

当时，毕博士是大波士顿基督教联盟的良民委员会主席，眼看着委员会的努力都成了泡影，眼看打击江湖骗子的活动就要失败，他终于想出办法来了。毕博士用悲切和赞扬的方式给《波士顿先锋报》的发行人写了一封信，信中诉说了他对该报的欣赏，说它是新英格兰地区最优秀的，也是美国最好的报纸之一，不但新闻真实，没有煽动性，而且社会舆论做得好。

笔锋一转，毕博士又说道："可是我的朋友却说，他的女儿看到贵报上有关'堕胎专家'的广告，很想知道是怎么回事，我的朋友很尴尬，不知道该怎么跟这个小女儿解释。本来贵报是一份完美的家庭报纸，自然是要出现在千家万户面前的。要是你也有女儿的话，她问这种广告，会怎么想呢？要是她也问她亲爱的父亲这是什么意思，你是不是也感到不好意思呢？"

"我真的很遗憾。贵报这么完美，却登有这种广告，真让父母们担心给孩子看到怎么办。我想，成千上万的读者也都有我这样的想法。"两天后，毕博士很快就收到了《波士顿先锋报》发行人的回信。这封信毕博士已经珍藏30年了，那是1940年10月13日的回信，内容是这样的：

麻省波士顿

毕先生

尊敬的先生：

细细品读您11日的来信，我心中十分感激。您的谆谆教诲让我下定决心做一件事，这是很久以来我就想做却没有下决心做的事。从下周开始，我会尽力删除《波士顿先锋报》有争议的广告，暂时不能删除的广告也会谨慎编辑，不让它们再招致读者朋友们的非议。您的来信让我深受益处，在此感谢您的提议。希望能得到您更多的批评和指正。

真诚的W. E. 汉斯格

在生活中你要会用谅解与和善的态度解决问题。马里兰州路德维尔市的盖尔·康纳就是这样的。他最近买了一辆新车，但这部车子4个月内坏了3次。在我们的培训班中，他说道："我去了汽车保养场。但我不会与经理讲什么道理，也不会指责他，我知道这样都不能有效地解决问题。我是这样做的：那天，我走进汽车销售厅之后，直接去找他们的老板贝特。走进他的办公室，我先做了一番自我介绍，然后对他说，我是在朋友的推荐下买的他们车子。我的朋友告诉我，这里的汽车价格合理，服务还不错。贝特先生听到我说这些自然很高兴，脸上已经有笑脸了。后来我就提到了我的问题，然后说：'我想你一定很重视你们良好的信誉。'他对我表示感谢，并保证一定会给我一个满意的答复。后来，他不但亲自解决我的问题，还在送修我的车子时，主动提供自己的车子给我用。"

古希腊克里萨斯宫中最著名的一名奴隶伊索，早在公元前600年就讲了一些至今流传的寓言故事。他讲述的那些道理，不但适用于7世纪前的雅典，也适用于今天的波士顿和路德维尔。再想想太阳和风的故事，你就会知道，你很友善地对待别人，同时也会收获友善。

5

做乐观向上、真实简单的知性女强人

康德说，知性是介于感性和理性之间的一种认知能力。知性是成熟女人的标志。知性女人感性却不张狂，典雅却不孤傲，内敛却不失风趣。知性和年龄有关，和阅历有关，和心态有关。当今社会人心浮躁，竞争日趋激烈，人们当拥有淡定从容的心态，放下繁复，过简单的幸福生活。

做自己，不要失去个性

这个坚持自我的问题，从人类诞生的那一天起就存在了。基尔凯医生指出："任何人都存在这种问题。"多数精神障碍、神经疾病及心理问题的病因，追根究底往往是不愿意坚持自我。帕特里在报纸上发表了几千篇有关培养儿童的文章，出版过13本书，曾说过："没人会悲惨到不能坚持自己的思想个性，并且被迫去变成他人。"

好莱坞这种模仿他人之风最盛行了。好莱坞著名导演萨姆·伍德曾说过，现在他最头疼的问题是帮助年轻演员改掉这个模仿习惯，从而坚持自我。这些年轻人都想成为二流的拉娜·特纳或三流的克拉克·盖博，"观众已经品味过那种风格了"萨姆·伍德一直不停地告诫他们，"他们想要尝到其他新鲜味道。"

萨姆·伍德从事导演之前，多年从事房地产行业，因此培养出一种营销人员的性格。他认为商业圈中的一些原则在电影业也完全适用，模仿别人的方式绝对不会一炮而红的。"经验告诉我"萨姆·伍德说，"不去模仿其他演员，坚持自己个性的演员会成名较快。”

我询问过一个朋友保罗，他是一家石油公司的人事主任，求职时人人常犯的最严重错误是什么。在这方面他极有经验，他面试过的人超过6000人，还曾写过一本《求职六招式》的书。他答道：“求职者易犯的最大错误，就是不能坚持自我。他们常常不够坦率，所回答的问题都是他认为你想听的。”可是这没用，因为没有公司愿意雇用虚伪而不实在的员工。

我知道有一位公交车售票员的女儿，名叫凯丝·达利，历尽艰辛痛苦才接受这种教训。她一直梦想当歌手，但是她的容貌是她最大的失败，她的嘴太大，还是暴牙。她第一次登台演唱时——在新泽西的一家夜总会里——试着拉下上唇遮住牙齿，以使自己显得很高雅，结果却显得相当荒唐可笑，这就注定她要面对失败了。

幸运的是，当时夜总会有一位男士认为她很有歌唱天分。他很坦率地对她说：“在这里我看了你的表演，我看出你要掩饰什么，因为牙齿很难看，很羞愧对吧？”那女孩听了感觉很尴尬，不过那人继续说，“暴牙又怎么了？暴牙又不犯罪！不要刻意去掩饰，张嘴唱歌，你越随意发挥个性，听众越会喜欢你，再说，你现在千方百计要遮掩的暴牙，将来可能正是你的财富呢！”

凯丝·达利接受了那人的建议，在她唱歌时把暴牙忘得一干二净。从那以后，她集中精力全神贯注在自己的演唱上。后来，她成为电影及电台最受欢迎的流行歌星，现在别的歌星倒想来模仿她了。

威廉·詹姆斯曾说过，普通人的大脑开发运用的程度不超过20%，多数人不太了解自己有哪些才能，不知道如何充分发挥。他写道：“与应该达到的使用标准比较，其实人们还有一半以上的潜能未被彻底挖掘出来。我们仅仅运用了一小部分头脑的能力，可以说人被自己定的标准限制住了。我们天生被赋予了丰富的资源，却常常无法运用自如。”

既然我们诸多未开发的潜能是与生俱来的，就不要再浪费一分钟担忧自己不像其他人。在这个世界上，你是独一无二的，“前无古人，后无来者”。基因遗传学告诉我们，人是分别由父母的24对染色体组合而成，就是这48条染色体决定了你的遗传特征，数以百计的基因存在于每一条染色体中，任一基因改变都足以引起一个人一生的改变。真的，人的形成是个无比奇妙的过程。

就算你父母相遇结合孕育了你，那也只有三百亿分之一的机会出现一个跟你完全雷同的人，这就是说，即使你有三百亿个同胞兄弟姐妹，他们和你也不会有多少相似。这是不是胡说？不是，这是完全有科学依据的。

谈坚持个性的主题我很有发言权，因为我对此感悟深刻，有切实的经历，而且是个痛苦而高代价的经历。从密苏里州的玉米田刚到纽约来时，我想报考美国戏剧学院，我对成为一名演员充满热情。当时我窃喜自己眼光独到，想出这么绝妙的主意。这是通往成功的捷径，如此简单的道理，真不明白别人怎么没想出来。我的好主意是，仔细琢磨当时的几位当红演员，集他们的优点于我一身，那样多明智啊！其实这样真有点傻，我浪费了好几年时间在模仿别人，最后才发现我学的任何人都不怎么像。

如此悲惨的经验总该使我回心转意，重新找回自我吧！但是没有，我实在是超级蠢蛋！我竟然重蹈覆辙。几年后，为了写一本有关公开演讲的商业书，我又产生了同样愚蠢的念头，就是借用其他作者的一些观念，编纂成一本书，一本演讲方面的书。于是我找来数本有关公开演讲的书，用一年的时间吸收其中的理念，把它们变成自己的手稿。最后，我再次发现自己又犯了一次傻。把别人的理念改编成自己的文章，反而使得自己的文章枯燥而平淡无奇，没有书商对此感兴趣，于是我把这一年的努力全都丢进垃圾篓里，重整旗鼓，这一次我告诉自己："你就是戴尔·卡耐基，凭自己有限的智力来创造吧！别人你是做不了的。"于是，我放弃组合他人思想的念头，开始凭自己的能力、亲历的经验及细致的观察写成了公开演讲的课本。希望这一次我能永远像沃特爵士（他是英国牛津大学的文学系教授）所说的："我写不出莎士比亚风格的书，但是我可以写出自己的书。"

卓别林开始演电影时，导演让他模仿当时的著名笑星，结果他毫无发展，直到他开始坚持自己的个性，才渐渐成名。

玛丽·玛格丽特第一次上电台表演，是试着模仿一位爱尔兰笑星，但惨遭失败。一直到她表现出真正的自我——作为一位来自密苏里州乡下来的纯真朴实的姑娘——才赢得纽约市最受欢迎的广播主持称号。金·奥特瑞一直想摆脱原来的得克萨斯州口音，穿着也模仿城里人，甚至对外宣称自己是纽约人，结果惹得别人在他背后讥笑讽刺。后来，他重抚三弦琴，演唱他故乡的乡村歌曲，于是奠定了他在广播影视界牛仔风格的基础。

在这个世界上，每个人都是独一无二的个体，为此庆幸吧！善待你的天赋。归根结底，所有的艺术都类似一种自传。你只能唱出自己的特点、勾画出你自己。人的经验、环境及遗传因素造就了你。无论如何，你应该用心经营属于自己的小花园，也不论好坏，你都应在生活的交响乐中演奏好自己的乐章。

幸福的钥匙掌握在自己手中

人怎样才能把握自己的幸福？其中十分关键的一点就是人善于摆脱自我束缚，善于应用正确的思维去看待周围的事物和环境。

那究竟什么是自我束缚？我们先举个例子来说明这个问题：跳蚤是一种弹跳能力极高的昆虫。如果将其放在桌子上，用手拍打，它可以跳得非常高，高度能是自己身高的百倍以上，这在动物界是屈指可数的。后来，科学家经过一连串的实验却发现，这个跳高能手却不会跳。

在跳蚤的头顶上科学家们架起一个玻璃罩，再使跳蚤跳动。跳蚤第一次就碰到了玻璃罩。这样反复多次后，为了更好地适应新的环境跳蚤改变了自己能够跳起的高度，从此以后，跳蚤每次跳起的高度总保持在罩顶以下。科学家们逐渐地将玻璃罩的高度降低，经过数次的碰壁之后跳蚤就开始调节自己的高度。最后，当玻璃罩接近桌面时，跳蚤无法再跳了，于是只好在桌子上爬行。经过一段时间之后，科学家将其头顶的玻璃罩拿走之后，再拍桌子，跳蚤仍然不会跳，弹跳高手变成了一只“爬虫”，并不是因为它已经丧失了弹跳的能力，而是经过一次次的挫折之后变“乖”了、适应了，最后直至麻木。最可悲的地方就是：虽然玻璃罩已经不存在，但跳蚤已经丧失了“再试一次”的勇气。玻璃罩的限制在它的潜意识里留下了深深的烙印，进而反应在它的心灵上。

动物是这样，人何尝不是：行动的欲望和潜能被自己扼杀！科学家将这种很普遍的现象叫做“自我束缚”。

大部分人的经历与此极其相似。一个人在成长的过程中，尤其是幼年时代，遭受外界，比方说父母、老师等太多的批评、打击或遇到挫折，于是积极进取的热情、欲望就被“自我束缚”压制和封杀了。面对这样的境况，如果没能得到及时的疏导与激励，久而久之，他们就会对失败惶恐不安，对失败习以为常，逐渐丧失自己原有的勇气和信心，渐渐养成了懦弱、犹疑、孤僻、害怕、狭隘、自卑、承担责任、不思进取、不敢拼搏的精神障碍等性格。这样的性格，在生活中最明显的表现就是没有主见，凡事随波逐流，人云亦云。随之，与生俱来的胆量之灯就这样过早地被掐灭啦！

那么如何才能摆脱“自我束缚”？我们最好先看看下面这个故事：

1920年，美国田纳西州的一个小镇上有个小姑娘出生了，她是一个私生女，她的妈妈为她取名叫肖菲丝。肖菲丝长大之后，慢慢懂事了，发现自己和其他的小朋友不同：没有爸爸。小镇上很多人都对她投来歧视的目光，小朋友也不喜欢和她一起玩。对于这些，她都不明白是为什么，她感到特别的迷茫、困惑。她虽然是无辜的，但世俗却颇为残忍。每个人都很清楚，在一个人的一生中，很多事情我们都可以做出选择，但是没有一个人可以选择自己的父母。更为可怜的是，肖菲丝连自己的父亲是谁都不清楚，只好与母亲一起生活。

上学后，她受到的歧视并没有就此而减少，在别人的心理暗示下，肖菲丝变得越来越胆小懦弱，自我封闭，逃避现实，不喜欢和任何人接触，变得越来越孤僻……

在肖菲丝13岁那年，镇上来了一个牧师，至此肖菲丝的人生发生了翻天覆地的改变。

肖菲丝从母亲那得知，这个牧师人特别的好，也非常的谦和。别的孩子一到礼拜天，便跟着自己的父母，手牵手走进教堂，于是，她不止一次躲在教堂的远处，看着镇上的人欢天喜地的从教堂里出来，而她只能通过聆听教堂庄严神圣的钟声和偷看人们高兴的神情从而去想象教堂中的神奇。终有一天，她鼓足勇气，等别人都进入教堂以后，偷偷地溜了进去，躲在后排静心倾听。

牧师讲道：过去不等于未来。过去成功了，并不代表还会成功；过去失败了，也不代表未来就要失败。过去的成功或失败，只能代表过去，未来的一切都由现在来决定。我们每个人都要学会面对现实，更应该重视现在。我们现在干什么，选择什么，就决定了我们的未来是什么！失败的人不要气馁，成功的人也不要骄傲。成功和失败只不过是人生的一段经历，一个事件，都不是最终的结果。在这个世界上，没有永恒的成功人士，也没有永远失败的人。

肖菲丝是一个领悟力极强的女孩，有着丰富的情感，牧师的话深深打动她的心灵，仿佛一股暖流注入心田，冲击着她冷漠、孤寂的心灵。

从此以后，肖菲丝的心态发生了很大的改变。这是她后来取得一次又一次成功的转折点。

40岁那年，她当上了美国田纳西州州长；届满卸任之后，弃政从商，担任世界500强大企业之一的公司总裁，成为誉满全球的杰出人物。在她67岁那年，她出版了自己的回忆录《攀越巅峰》，在书的扉页上写下了这样一句话：过去不等于未来！幸福掌握在自己手中。

可以说肖菲丝是一个成功摆脱自我束缚的最佳事例，同时这也是牧师教给她运用正确思维看待人生的结果。在牧师的启发之下使她成为了一名杰出人士，一个在事业上取得成功的杰出人士。现在，我们需要做的不是缅怀或是伤感过去，而是积极把握现在，拥抱明天。“过去不等于未来”，就是要求我们用发展的眼光看待周围的一切事物，包括自己，这才是我们真正能够主宰自己未来命运的心态。

对一个成功的杰出人士来说，在他的字典里，是不会出现“不可能”这个词。因为他们深信任何的苦难与挫折都可以战胜，只要你正确地运用思维方法，肯去拼搏与奋斗。在进取心面前，不管何种阻力都会知“难”而退，下面是关于拿破仑·希尔的一个故事：

在青年时代，拿破仑·希尔怀揣当作家的梦想。但由于家境贫寒，所接受的教育并不充足。因此，有人就告诉他，说他的梦想根本就“不可能”实现。

年轻的希尔存钱为自己买了一本最好的、最完全的、最漂亮的字典，他所需要的字都在这本字典里面，而他的目标就是将上面的所有字都了解和掌握。以后他将自己全部的事业都建立在这个前提之上，这就是说对一个要成长，并且立志成为杰出人士的人来说，没有什么事情是不可能的。

杰出人士告诫世人：永远都不要有消极悲观的心绪，也不要认定什么事情是不可能的。首先你要告诉自己你能，然后去尝试，再尝试，最终你终将会发现你确实能。

做任何事都要有这样的精神头儿，才能成功。一个人在面临困境的时候，逃避并不能解决任何问题，唯一的办法就是鼓足勇气去面对。只有拥有这种正确的思维观念才能将自己无尽的潜能和智慧挖掘出来，取得可喜的成果。

坚强的毅力是杰出人士的必备要素。而坚强的毅力，来源于对远大目标的执着、渴望和对自己克服苦难、战胜逆境的信心，不管是走路还是做事，很多人都喜欢走直线，不喜欢绕弯路。但是现实环境常常不允许我们事事平坦，所以我们必须有弯路。这时候，就要求我们鼓起勇气，不要气馁，不要放弃。过程的曲折并不代表结果的失败，只要我们积极进取，以百折不挠的精气神向前进，终有一天会摆脱困境的干扰。

在人生的道路上，难免会有一些曲折和坎坷。面临这种困境时，我们对形势要有一个清晰的判断，明确方向，不管情况多么严峻，也不要轻易地放弃。因为只要坚持到底，渡过难关，就会出现“山重水复疑无路，柳暗花明又一村”的奇景。

自信，是女人提升魅力的法宝

一年前，被称为美国商业女奇才的劳伦·斯科尔斯接管了一家濒临破产的纺织工厂。这家工厂已经连续三个月没有拿到一份订单了，员工们的情绪十分低落。然而，经过细致研究以后，劳伦相信，她自己有能力让这个工厂重新振作起来。不过，她心里非常明白，现在最重要的并不是解决工厂的问题，而是想办法唤起员工们的斗志，消除她们的恐惧，让她们树立起自信心。于是，她召开了一次全体员工大会。

在会上劳伦并没有给员工阐述自信的重要性，也没有夸口说自己一定能让工厂起死回生。她只是在开头问员工："诸位员工，你们认为，一个健全的人和一个身体有残疾的人相比，哪一个更容易取得成功？"员工不知道她要说什么，只好都说是健康的人。劳伦点了点头说："很多人都这么想，可我却不同意。有一次，我和两个人一起去探险。其中一个人是聋人，另一个是盲人。我们计划到一座风景秀美的深山中去旅行，可不想半路却被一道地势险恶的峡谷阻拦住了。当时我真的很害怕，因为我看到峡谷很深，而且涧底的水流也很急。最要命的是，通往对面的唯一通道居然是几根光秃秃而且还颤悠悠的铁索。我心里非常清楚，一旦我从上面掉下来，一定会没命的。”底下的员工有了反应，神情也显得很紧张。劳伦接着说：“本来，我以为我的两个伙伴也一定和我一样吓得半死，可没料到他们居然一点不害怕，反而很从容地走了过去，留下我一个人在对面。事后，我觉得很奇怪，就问那两个人是怎么回事？那个盲人告诉我，她眼睛看不见，所以不知道山高桥险，于是平静地走了过去。那个聋人则对我说，她的耳朵听不见，因此不知道脚下的河水在咆哮，这样恐惧心理就减少了很多。”员工们一个个都表现出一副恍然大悟的样子。这时，劳伦进入了主题：“诸位，正是因为我太‘健全’了，所以使我考虑太多，让我没有勇气走过去。实际上，阻碍我前进的并不是峡谷和铁索，而是我自己对现实的恐惧。如今，你们当中有很多人对我们厂现在面临的状况感到恐惧，心态就和那时的我是一样的。”

那次会议以后，那家纺织厂的员工各个斗志昂扬，很快就使整个厂子重新振奋起来。当我问她们为什么会发生如此之大的变化时，员工们和我说“我们才不想让恐惧心理阻碍我们的前进。”

女士们，我们暂且不去追究劳伦所讲的故事的真实性，这个故事确实给我们揭示了一个非常深刻的道理：自信是一种信念，同时也是一种意志，而恐惧则是这种信念和意志的最大敌人。如果我们对某一件事情充满了信心，那么我们就不可能在这方面感到恐惧。相反，如果我们没有信心，那么恐惧的心理将会越来越强烈。

相信很多女士都知道卡尔·沃鲁达，那个在全美最著名的马戏团工作的杂技演员，也被称为“全美走钢索第一人”。他在接受媒体采访时，曾信心十足地说：“我的人生的真正意义就是在钢索上行走，其他任何事情都不能让我感兴趣。”就是在这种自信心的作用下，卡尔每一次走钢索的表演都非常成功。

然而，就在1978年，卡尔在一次表演中不慎从钢索上掉了下来，结束了自己年轻的生命。很多人对此都不理解，不明白为什么身经百战的卡尔会犯下如此致命的错误。后来，卡尔的夫人道出了其中的玄机。原来，就在那次表演的3个月前，卡尔突然对自己失去了信心，害怕自己会表演失败。他经常问太太：“亲爱的，如果我真的掉下去了怎么办？”女士们也许会问，是不是卡尔当时已经预感到自己将会发生事故呢？不，那不过是迷信的说法而已。事实上，正是因为卡尔对走钢索产生了恐惧，所以才把大量的精力放在了如何避免失败上，没想到最后真的掉入了失败的深渊。

很多人都习惯性地将失败的原因归咎于自己的能力、经验以及外界环境等因素，反而恰恰忽略了心理因素的影响。我并非不承认人的成功是受很多条件制约的，但我一直都认为，心理上的恐惧才是导致失败的最根本原因。

自信的人从来都不会被失败吓倒。虽然他们也会理智地去看待目前所面临的困难和问题，但他们把绝大部分精力放在如何克服上。然而，那些具有恐惧心理的人却反其道行之，将所有的精力都放在了如何避免失败上。诚然，注意避免失败的确对成功有着很重要的作用，然而恐惧却会让那些人将注意力放在害怕失败上，从而想尽办法考虑如何逃避困难。于是，他们不去考虑如何成功，而是在想如何躲避，因此失败也就成为了必然。

所有的成功人士，我是说所有，没有一个例外，都对自己充满了信心。他们对自己的才能有信心，对事业、对追求充满信心。在他们眼里，失败不过是成功路上的一块小石子或小水沟，自己一定能够迈过去。正是因为他们自信，所以他们无畏；正是因为他们无畏，所以他们才会成功。

相反，那些缺乏自信的人却无时无刻不在怀疑自己的能力，并且对已经面对的和前方未知的困难充满了极度的恐惧。他们将自己塑造成了一个失败的形象。且总是给自己这样的心理暗示："我不可能战胜所遇到的困难，也不可能会在挑战中获胜，因为很多条件都制约了我。"这些人往往具备两种特点：一种是绝对过分地高估现实中所面临的各种困难和阻碍，另一种则是绝对过分地贬低了自己的能力，放大了自己的缺点。于是，他们感到恐惧、自卑、消沉，最后选择退缩和逃避。慢慢地，他们会满足于这种逃避的生活，自我从主观上接受失败的后果。

由此可见，自信对于女士们心灵发展的成熟以及事业发展的成功都有着极为重要的意义。美国著名的心理学家唐波尔·帕兰特曾说过："人对成功的渴求就是创造和拥有财富的源泉。一个人一旦拥有了这种愿望，并且能够不断对自己进行心理暗示，从而用潜意识来激发出一种自信的话，那么这种信心就可以转化为一种非常积极的动力。事实上，正是这种动力促使人们释放出无穷的智慧和能量，从而帮助了人们在各个方面取得成功。"

我非常同意他的观点，因为有人就曾经把这种自信心比喻为“人类心理建筑的工程师”。在现实生活中，如果人们能够将思考和自信结合起来，那么人类就会将自己的智慧发挥出无限的激情。每一个成功者都拥有一颗成熟的心，而自信又是获得成熟心灵的首要条件。那些有方向感的信心让我们对每一个意念都充满了力量，使自己有勇气去推动成功的车轮。不管前面的路有多坎坷，也不管路上有多少困难，你们都能够不断地攀登成功的高峰。

“困难”是个无聊的词

女士们，当你从一个小女孩长大成人走向社会时就要做好随时迎接挑战的准备。在具体的工作中，我们会遇到各种各样的麻烦和困难，如果不能正视这些困难，那么你的工作和生活会变得异常难受。

我曾经采访过一个了不起的人物威利·卡瑞尔，他是纽约州塞瑞西市卡瑞尔公司的负责人，他告诉我一个如何面对事业困境的方法，令我受益良多。

威利·卡瑞尔先生讲述了他年轻时候的经历。那时候的他在华盛顿水牛城的水牛钢铁公司工作。有一次，公司安装了一台用于清除瓦斯中杂质的瓦斯清洁机，安装好之后，公司让卡瑞尔先生进行调试。

当时的卡瑞尔先生根本没有调试这种机器的相关经验。因此，他在动手的时候非常紧张，心里惴惴不安，怕发生一些想不到的问题。

在这种担心之下，卡瑞尔先生终于做完了调试机器的工作，但是机器运转达不到理想中的要求。卡瑞尔先生顿时感到一阵挫败感，自己的努力好像都白费了一样。卡瑞尔先生告诉我，他当时感觉仿佛有人在脸上重重地打了一拳一样，心里很不舒服，胃和整个腹部都因为难过而疼痛起来。那段时间，卡瑞尔先生因为自己的工作没有效率而忧虑了很长时间。

卡瑞尔先生因此想到，当人们遇到困难的时候通常都会手足无措，十分焦虑，有没有一种通用的方法可以解决这种困境呢？他开始探索这样的方法。经过一段时间的思索之后，卡瑞尔先生开创了一种新的思维方式来面对困难，这种方法令人在困难出现的时候不会逃避、忧虑，而是积极地面对问题。卡瑞尔先生一直使用这个方法，他的能力不断强大起来，最终开创了自己的事业。

那么卡瑞尔先生应对困难的方法是什么呢？它总共分三个步骤：

第一步，先忘记担心和害怕，认真分析整个情况，然后找出万一失败将会出现什么最坏的情况。

第二步，找出很多可能发生的最坏情况之后，尝试着让自己接受它们。

第三步，慢慢地让自己平静下来，把自己的精力和时间用于改善自己所面对的困难以及问题。

从卡瑞尔先生的指导中，我领悟到了这种方法的精髓：当我们强迫自己面对最坏的情况。你并且让自己的思想接受它们之后，就再也不怕任何困难了，同时也就有了应对工作中出现困境的勇气。

这种方法我要推荐给各位，当你在工作中遇到困难的时候就想一想会出现的最糟糕的情况，就会感到现在的情况还不是最严重的，还有方法挽救，我要努力把形势扭转过来。这样，你们就多了无限的抗挫折能力。

女士们，你们还记得自己工作中遇上的第一个困难是什么吗？每个人在工作中都会遇到大大小小的困难，甚至有时会遭遇到巨大的危机。当那种局面真的降临时，你能做些什么让自己不会犯错？

女性在工作中遇到困难时，最不需要做的就是逃避。逃避不能解决任何问题，只会让自己的人生多一笔逃跑记录。

伊丽莎白是我的一位朋友，她是一家大公司的高层主管。3年前，她的公司出现了一次大危机，公司的总裁下台，公司股价出现大幅波动。在那段时间里，公司旗下的十几个品牌有半数出现了亏损，股价跌到了历史最低点。这家大公司出现了巨大的困境。就在这个时候，伊丽莎白作为高层中仅有的女性也向董事长提出了辞呈。

伊丽莎白说，这次公司的危机并不是让她离开的原因，反而是她推辞离开的因素。早在发生危机之前，伊丽莎白就因不满公司的官僚体制和迟滞的工作效率而动了离开的心思。她在公司里任职了8年，曾经数次抨击公司人浮于事、管理混乱，却没有见到任何改变。危机发生时地正在考虑递辞职信，因为不想造成临阵脱逃的印象她还犹豫了一段时间，最终忍无可忍地去找了董事长。

赏识伊丽莎白的董事长当场把她的辞职信撕掉并告诉她："你可以挽救公司。"伊丽莎白却再次打印了一份辞职信，坚持要离开，董事长不断挽留她，和她进行了数次长谈。伊丽莎白向董事长讲述了公司的一系列弊端，说起自己对公司现状的失望，她说：“虽然我们还是世界大企业之一，可是我感觉它已经死了。”

“那你为什么不留下来让它脱胎换骨呢？”董事长告诉伊丽莎白：“如果你愿意，现在你就是总裁。”

伊丽莎白考虑了一会，她的目光变得坚定起来，只说了一个字：“好！”

后来，伊丽莎白对公司的人事和管理制度进行了大刀阔斧的整顿，终于把公司从困境中解脱出来，再次实现了盈利。而她本人也成了企业界的传奇人物。

我想，在这个事例中有两个值得佩服的人物，一个是董事长，一个是伊丽莎白。董事长敢于把公司交给伊丽莎白这个闹着要辞职的人，而伊丽莎白在考虑之后敢于接下公司——不客气地说，那是一个烂摊子，如果不从骨子里整顿，两年内就会破产。

女性的承受能力天生就比男性弱一点，不要用女权的观点抨击我，因为你也要正视男女的身体属性和历史对当下的影响。所以，女性在处理困难的时候要更加坚强一点。遇到困难的时候，请保持乐观的心境，无论发生怎样的困难都相信自己能够解决、事情会向好的方向发展。即使最终搞砸了，我们还有其他办法可以起死回生。

在人生的历练当中，如果连最可怕的情况都想到了，那么再可怕的也就没什么了。女士们，当工作中出现困难的时候想想这不算什么，人就会变得更有信心！

用知识促进内心的成熟

知识女性处于女性生活的最上层，她们所享受的生活机遇比一般女性更容易、更充分。如受教育的机遇、婚姻机遇、就业机遇、晋升机遇、获取高薪的机遇等。因此，很多人都认为女性应该是最快乐的女性。

那么，怎样才能成为一个快乐的知识女性呢？

首先，要转换角色观念和行为模式，营造良好的心境是知识女性的必修课。心理学家有一个形象的说法：“心境是被拉长了的情绪。”它使人的其他一切体验和活动都留下明显的烙印。“人逢喜事精神爽”，良好的心境使人有一种“万事如意”的感觉，遇事也能冷静对待，使问题迎刃而解；消极的心境则使人消沉、厌烦，甚至思维迟钝。知识女性因为有知识，最能成为快乐心境的主人。而要培养和掌握自己的心境，保持快乐，必须谨记十六字箴言：“振奋精神，自得其乐，广泛爱好，乐于交往。”如果你感到不快乐，那么你要找到快乐的方法，那就是振奋精神，常为自己所有而高兴，不为自己所无而忧虑，就是自得其乐的最好方法。培养多种业余爱好，以陶冶情操、增加乐趣；广泛交友更是保持快乐心境必不可少的环节。

其次，只有健康女性才会拥有持久的快乐人生。关于健康女性：目前还没有一个统一的标准。如按心理学分析，可从心理统计、心理症状和内心体验三方面去认识，按社会学解释，则可以把解决生活中所面临的实际问题的能力作为标准。但是，凡是能正确理解自己的社会角色、正确理解自己所处的社会环境、有能力解决自己所面临的问题、有一定目标并为之努力的知识女性，就一定是健康女性。

然而，对心灵只施以教育的影响还不足以使其快速地成熟和发展，我们还必须对它善加应用，促使它对这些教育的影响产生反应。我们去读书俱乐部、去听课、看戏、听演讲，只能获取一层薄薄的文化外衣，而它除了能给我们在聚会时增加一些谈论的资本之外，并不会带来较深远的目的或成果。

知识的存在可以促进心灵的成长。而心灵的成长则是善加运用的结果。

成熟的心灵，完善的人格，逐步获得的通达和成就感，与个人社会人格的所有较高能力相组合，从而获得猎取广泛知识的兴趣以及感情上的愉悦……这些则是自我改善的各个阶段，以及应该达到的终极目标。

《纽约时报》于1981年2月刊登了一篇对依萨克·普莱斯勒的专访。白天，普莱斯勒先生在一家百货公司做售货员；晚上，他利用4年的时间完成了高中夜校教育，而后又进入布鲁克林学院夜校继续攻读大学课程，然后他又开始研读法律。在他大学一年级时写的一篇名为《快乐是什么？》的作文中，普莱斯勒先生写道："我最大的快乐就是取得高中文凭，进入大学，然后做一名期待已久的律师。”

“我内心的快乐随着期待的临近而增加着，依照我的努力程度，大学要在5年或更长的时间才能完成，而法律学院的学习则又需要5年。”普莱斯勒先生说。

在任何年轻人看来，这的确是个充满抱负的计划。然而，依萨克·普莱斯勒进入大学的时间却是在他60岁生日后。他知道，对于一个成熟的人来说，在任何年龄都可以体验学习带来的快乐。教育必须有一套正规的课程，但它不应该局限于校园之内。

劳伦斯·洛威尔博士——哈佛大学前校长就曾说过，任何大学教育或教育培训制度教给我们的只是如何帮助自己，而我们自己则必须学会如何教育自己。教育是一个漫长的过程，它贯穿成长的全过程，是一种心灵所需的自发运动，是一种扩充心灵发展的过程。

只要我们懂得了这些，不管我们身处生命中的哪个年龄段，都可以追求自我教育和自我改善的人生乐趣。对于培养晚年仍乐于继续汲取知识的热情是人生中最好的投资。

美国人最喜欢的新闻评论播报员——洛威尔之父——洛威尔·托马斯博士，是我最喜欢、最敬佩的人。他睿智、喜好钻研，有着渊博的文化修养，而且涉猎范围很广。晚年时，虽然他的身体已经衰老不堪，可心灵依然敏锐如年轻时一般。诺门·文森·皮尔博士就曾谈到去拜访晚年的托马斯博士的事。两人见面寒暄后，托马斯博士就问起了皮尔博士对亨利八世的看法。他说自己这近段时间一直很关注这位君王，认为历史学家对亨利八世的评说有些不公正，并且向皮尔博士道出了自己对亨利八世的看法。这使皮尔博士十分惊讶，一个年迈的老人在病房中依然任心灵随处游弋，并穿梭了好几个世纪。

我们机体中最基本、最重要的器官就是心灵，我们要经常滋养并妥善运用它，这样才能促进它自然成长；如果我们懒于滋养而又对其缺乏运用，则会令它因发育不良而萎缩。

在我们接受教育的目的上，刘易斯·芒福德曾说过："修养是所有实践活动的最终目标。成熟的人格，丰富的个性，一种掌控的感觉，一个更大的能力综合，为了加强修养的兴趣和情感上的享受。"这才应该是自我完善的最终目标。

每天留出10分钟读书时间

女人可以不美丽，但不能不智慧，智慧能重塑美丽，唯有智慧能使美丽长驻，能使美丽有质的内涵。人的追求不完全来自外貌，它主要来自人的内在力量。漂亮自然值得庆幸，但并不代表有魅力、有气质。外貌漂亮的确是一种优势，但这个世界上那种天生尤物毕竟为数不多，大多数的芸芸众生都是相貌平平。这些相貌平平甚至有些丑陋的女人所表现的美，就是其内在的品德修养所散发的气质与智慧。

英国作家毛姆曾经说过“世界上没有丑女人，只有一些不懂得如何使自己看起来美丽的女人。”现代女性早已经学会在繁忙和悠闲中积极地生活，懂得如何读书学习，也懂得开发自身的潜能，从而使自己的魅力光芒四射。

女性的智慧之美甚过容颜，因为心智不衰，所以超越青春，智慧永驻。

有一位哲学家这样说过：“智慧是穿不破的衣裳。”

“智慧之美”的魅力，是拥有独立自主的意识状态和自尊自重的情感状态。智慧女性勇于接受来自各方面的挑战，善于从大自然与人类社会这两部书中采撷智慧，不再留有“男性附庸”的余味。

富于智慧的魅力，善于对日常应用的思维方式和行为方式进行艺术的提炼。例如，遇人遇事如何运用有效的思维方式，迅速采用最恰当的接待方式，以便使行为方式表现出稳重有序、落落大方的风度。

所以，这样的女人最具魅力：她们聪明慧黠、人情练达，超越了女孩子的天真稚嫩，也不同于女强人的咄咄逼人。她们在不经意间流露着柔美和知性魅力的同时，也对人群保持着一份若即若离的距离和冷漠。

灵性是女性的智慧，是包含着理性的感性。它是和肉体相融合的精神，是荡漾在意识与无意识间的直觉。灵性的女人有那种单纯的深刻，令人感受到无穷无尽的韵味与极致魅力。弹性是性格的张力，有弹性的女人收放自如、性格柔韧。她非常聪明，既善解人意又善于妥协，同时善于在要挟中巧妙地坚持到底。她不固执己见，但自有一种非同一般的主见。

赫伯特·莫里森是英国工党著名的领导人，他15岁时曾在伦敦的一间杂货店干零活。那时，他听到了一生中听过的最好忠告。一天，街头的那位算命的让他花6美分算命。然后，算命的问他都读什么书。年轻的莫里森说：“基本上是凶杀小说吧，还有言情小说。”他指的是街上书摊上卖的那些廉价书。

算命的说：“读书总比不读书强，可你真的是天才啊，你不应该把时间浪费在这种书上。你怎么不读点历史、人物传记什么的呢？你应该读你喜欢读的书，你应该培养读严肃书籍的习惯。”

这条忠告成了莫里森人生的转折点。他说，忽然之间，他明白了一个道理：尽管他小学毕业后就没上过学，但他可以继续读书，进行自我教育。15岁的赫伯特·莫里森从此开始了他的读书生涯。他读了许多有意义的书，那些好书塑造了他，让他长大后有机会进入众议院。

我的朋友曾经抱怨说，那些被迫阅读和学院那些闷死人的教授使他对经典名著丧失了所有的阅读乐趣。这类烦恼我从没有过。我忙得连去踢足球的时间都没有，哪有时间去理会别的事情呢？所以，在我成长的日子里，我对经典名著没什么偏见，我认为经典并没什么过错。阅读经典名著给了我应有的回报，使我的心灵得到了洗涤和满足。

因此，我始终鼓励热爱读这些书的人，读这些名著可以使人们心灵成熟、进行自我完善，使人生充满幸福与快乐。

有一天，在读《星期六文学周报》时，我看到一篇菲莉斯·麦克全利写的文章。我发现，原来她在为发现了古典文学名著的神奇魅力而激动不已，这让我很高兴。麦克全利小姐写道："如果要指责学校的教育方式十分糟糕，你得说出你的评价标准。无论用什么标准来评价我所接受的教育，它都是糟糕至极的；所以，我在各种场合痛骂了学校很多年。时光飞逝，我也渐渐地不骂了，我发现，无论学校如何糟糕，总有好的一面。

有一个叫文学风景区的地方聚集了几乎各个类型的古典英文作品。我对那里一点都不熟悉，所以，我去看的时候感到十分惊讶。一个习惯随团旅游的人肯定不会明白独自出行的乐趣的，一个人出行，一点一点地游览文学风景区，我就是这样一个独行侠。"

我还抄了文章的末段，她的话对自我完善和帮助自己成长是十分有帮助的："当我能用词汇表达我衷心的敬仰之时，我遇见了狄更斯、奥斯汀和马克·吐温。对每个读者而言，这都是最好的时机。有时，不认识字的人也是十分幸运，他们可以只读来自上帝的福音。"

读好书是进行自我完善的最好方法。当然，开阔视野也很重要，人们可以培养自己对古典音乐、艺术的兴趣，做社工、参与政治活动等。所以，人们每天应该抽出一些时间来阅读，哪怕你工作再忙。

6

好情绪，最美丽

情绪对人最直接的影响在于身体。心理学家认为，有什么样的心情，就有什么样的情绪反应。女人是感性的，男人是理性的。因为女人的感性，往往喜欢不切实际的幻想，并为了根本就得不到的东西而痛苦失落。因为虚荣心、攀比心过盛，负面情绪的影响，女人就显得易激动，易发脾气。聪明女人懂得掌控自己的情绪，你若能掌控自己的情绪，就能赢得整个世界。

烦恼都是自找的

在生活中我们要让自己保持忙碌，保持积极的生活状态。要是我们整天闲坐着发愁，就会想那些被达尔文称作“胡思乱想”的东西。这些“胡思乱想”，就像传说中的妖魔鬼怪，他们会挤走我们积极的思想，摧毁我们的意志力，破坏我们的行动能力。

我认识的一位纽约商人，屈波尔·朗曼，也曾是我成人教育班里的学生。他消除忧虑的方法很特殊，也很有意思。他的方法也就是通过让自己忙碌来撵走那些“胡思乱想”，让头脑没空发愁，我来给大家讲讲他的故事。

一次下课后，我请屈波尔·朗曼跟我一起用宵夜，找到一家餐馆，吃饭、长谈，直到深夜。他告诉我说：“18年前我曾患过严重的失眠症，这是由于过度忧虑引起的。当时的我非常暴躁，整天紧张不安，精神濒临崩溃。

我为什么会发愁呢？当时我是纽约百老汇大街皇冠水果制品公司的财务经理。我们公司投资了50万美元，业务内容就是把草莓装进1加仑装的罐子里，然后把这1加仑的罐装草莓卖给制造冰淇淋的厂商。我们这样做了20年，可是有一天，大的冰淇淋制造厂商，如国家奶品公司等，他们的产量大增，为了节省开支，他们不再购买我们1加仑的罐装草莓，而是买6加仑一桶的桶装莓，这样一来我们的产品市场就很小了。我们不仅没法儿把我们价值50万美元的草莓卖出去，而且根据以前的合同，在未来一年里，我们还得再购买价值100万美元的草莓。而当时，我们已经向银行借过35万美元了。我们既没法还钱，又没法再续借，我为此忧虑不已。

我跑到公司设在加州华生维里的工厂，想告诉总经理这些新情况及我们可能面临的毁灭性打击。可总经理不这么认为，一味地把责任推给纽约的公司和那些一线的业务员。

经我一再请求，我终于说服他不再用这1加仑罐装的包装，把新的包装投放到旧金山的新鲜草莓市场上卖。此举基本上能解决我们的财政困难，我可以松一口气了。但是我还是担心，这已经成为一种无法摆脱的习惯。

我返回到纽约，对所有的事情都担心。从意大利买的樱桃，从夏威夷买的凤梨，每一件事都让我担忧，紧张地睡不着觉，觉得自己快要崩溃了。眼看就要绝望了，一种新的生活方式却治好了我的失眠症。当然我不再总是担忧。我让自己不停地忙碌，用我所有的时间和精力来忙碌，让自己没有时间来前思后虑。以往我每天工作7个小时，可用这个方法，我每天工作十五六个小时。每天早上8点就到办公室开始一天的工作，一直持续到深夜，我还接了新的工作，担负起新的责任。这样忙碌的生活节奏，使我深夜一到家就筋疲力尽地倒在床上，很快就酣然入睡了。

这样的生活持续了3个月，我那忧虑的坏习惯竟一点一点地改掉了，我这才恢复每天工作七八个小时的习惯。这18年来，我再也没有为任何事失眠过，当然也不再会有忧虑。”

根据萧伯纳的结论：“人们忧虑的原因，就是把空闲时间用在自己是快乐还是不快乐这个问题上。”所以，消除忧虑的可靠方法，就是不要去想这个问题，卷起衣袖好好干吧。只有让自己忙起来，血液循环才会加速，思想才会变得敏锐。一句话，让自己忙起来，这就是全世界治疗忧虑的最便宜、最有效、最实惠的良药。

冷处理是一种好方法

"应用心理学之父"威廉·詹姆斯教授曾经对学生们说："接受既成事实是克服随之而来的任何不幸的第一步骤，你们要勇于承担这种责任。"

这是当然的，只有按照这样的方法做了，你才能从心理上发挥解决问题的最佳能力。一旦我们遇到了棘手的问题，我们应该让自己冷静下来，把事情晾一晾再去处理。正如维奇·卡贝尔所说："当我让自己接受这些事情之后，我心里马上放松起来，感受到从出事至今未有过的平静，然后我就能正常思考了。"

你也觉得这句话说得很有道理吧？但仍然有些人会让忧虑和愤怒摧毁了现有的生活。这些人的症结所在，就是不敢接受最坏的情况，不愿意跳出来改变现状，更谈不上构造新的生活，也想不到尽可能从过错中挽救出一些有价值的东西。更严重者，他们不但不创造新的财富，反而从这次失败的经验出发，令自己的头脑陷入激烈冷酷的斗争，最终颓废而成忧郁症，成为自己情绪的牺牲品。

我就给你举个例子来说明。这个例子的主人公是以前我班上的学员，如今他在纽约经销汽油。

他告诉我说："我被人勒索了，可以前我从来不会相信有这种事情。我以为它只发生在电影里，从没想到现实生活中也会有。可确实，我觉得我就是被人勒索了。事情是这样的。

我们公司有好几辆运油的卡车及配套的司机。根据当时物价管理委员会条例，我们送给每位顾客的汽油是有限的。可后来我发现，有些送油的司机经常偷偷减少顾客的油量，然后把自己偷偷留下来的油再私下里卖给别人，从中赚取不义之财。

一天，一个自称政府调查员的人来到我面前，向我索要红包。他的理由是，他掌握了我们公司司机徇私舞弊的罪证。如果我不答应他的要求，他就将这些罪证交给地方检察官。直到此时，我才知道有人还做这种坏勾当。对此，我震惊不已。

不做亏心事，不怕鬼敲门。这事至少跟我本人没有关系，所以我觉得没必要为自己担心。但根据法律规定，公司必须为那些不规矩的员工负责。我担心，万一这件事被法院知道了，我的生意会因恶誉而损。我很看重自己的事业，这是我父亲在24年前打下的江山，我不能让一切毁在我的手里，否则曾经令我骄傲的事业将会成为令我痛不欲生的噩梦。

我为此忧心忡忡，以致很快就生病了，曾三天三夜寝食难安，一直担心被法院抓住把柄。我不知道是该给那个人5000美元的红包，还是对他的话置之不理。这两种想法整天在我的脑海里翻腾不已，我整天活在噩梦中。

不久后的一个星期天晚上，我意外看到一本书，名字是《如何不再忧虑》。这本小书是我听卡耐基公开演说时领到的。

我开始翻阅，看到了维奇·卡贝尔的故事，这里面介绍了遇到问题怎样冷处理，怎样让自己的情绪冷静下来。

我就想，如果我不受他的威胁那么最坏的结果就是：我的事业将担上恶名。但至少我不会下狱，最坏的结果就是这件事。

我就对自己说就这样吧，即使生意没了，我至少还能接受这样结果。接下去还会发生什么呢？

那就是，我不得不去找份工作，但这也不见得是一件多么恶劣的事情。凭着我对石油知识的掌握，是不愁没饭吃的，几家大公司可能都会很乐意聘用我的。想到这一层，我心里好受多了，我的担心也一点点变淡，情绪逐渐稳定下来。最让我想不到的是，这时我反而有了清晰的思维能力，又能跟平常一样思考了。

然后，看到维奇·卡贝尔的第三步，如何尽可能降低损失。想通了前面的事，剩下的问题就是解决问题了。我想，要是我把我目前的情况告诉我的律师，他也许能为我推荐一种好对策。你听到这里可能会笑，怎么一开始没想到找律师解决问题呢？说实话，这件事刚发生那几天里，我的脑子里除了忧虑和担心就放不下别的，根本没有正常的思维能力。现在，我又能正常思考了，于是我马上决定第二天一早就去见我的律师。看完这本书，这天晚上我睡得很踏实。

你一定很想知道事情的结果，说来也许你不相信。律师建议我第二天一早就去地方检察官那里，如实告诉他事情的来龙去脉。我听从了他的意见，并照做了。检察官听完后，出乎意料，他告诉我，这几个月这种勒索案已经发生好几起了。那个自称是“政府调查员”的人实际上是警方通缉的罪犯。当律师告诉我这个结果时，我无法用言语来表达自己的喜悦。回想我不知道是否该给那家伙5000美元的红包时寝食不安的悲惨，再听到这个结果，那种惊喜犹如从地狱升到天堂。此时，我才大大松了一口气，禁不住埋怨自己为什么不把这件事早点告诉律师。

这次经历使我终生难忘。每当我面临令人忧虑的问题时，我就用维奇·卡贝尔的办法让自己放松下来，屡试不爽。

好心情是可以装出来的

如果你是一个脑力劳动者，你一定要让自己在工作的时候保持一份好的心情。因为这会让你感觉不是那么累。有时候让你感到疲劳的，通常不是由于你工作超量，而是由于你工作量不够。比如说，上个星期天，不断有人来打扰你，你忙得一封信也没顾上回，跟别人约好的事情一件也没完成，所有问题都等着你解决。这一天所有事情都不顺，你一件事也没做成。回家后，你感到筋疲力尽，头痛欲裂。

周一，你在办公室工作，所有的事情都处理得很好，你所做的事情是周日的40倍。下班回家后，你却依然神采奕奕。你一定有过这样的经历，我也有过。通过这两天的对比，你明白了一个什么道理呢？让我们疲劳的，并不是工作本身，而是我们紧张不堪的恶劣情绪。

我在写这篇文章的时候，抽空去看了看杰罗米·凯恩主演的音乐喜剧。剧中安迪船长有一段台词说得很有道理："最幸运的人，是那些能做自己喜欢做的事情的人。"之所以说他们是幸运的，是因为他们在做事的时候体力充沛，精神愉快，自然烦闷和疲劳比别人少。而且，你的兴趣所在之处，往往也是你能力所及的地方，你做起来更有成就感，忧虑和疲惫也更少。要是你陪着一位一路上唠叨不已的太太走路，哪怕只有几条街，也一定会比陪着你的情人走10分钟感觉要疲劳得多。

你是否对自己的工作感到厌烦？为什么不跟自己来一个“假装”游戏，试着让自己喜欢工作，这样你就能从工作中获得意想不到的成功。该怎样处理这个矛盾？是不是没办法可以解决呢？我们就看看这位打字员小姐是怎么处理自己的事情的。

她在俄克拉荷马州托沙城的一家石油公司工作，每个月都有几天得做一件自认为最枯燥的工作，即填写一份已经印好的有关石油销售的报表，在上面填上各种统计数字即可，虽然简单，却很没意思。为了提高自己的工作效率，这位打字员小姐想出了一个好办法，把这件枯燥的工作变成一件很有趣的事情。让我们来看看她的做法。

她决定，每天跟自己竞赛。早上的时候，她先点出需要填的报表的数量，然后尽量让自己在下午打破这些记录，然后再看看每天填了多少报表，第二天再想办法打破这一天的记录。结果，跟自己的同事相比，她打字的速度快了很多，很快就把这些枯燥的报表填完了。即使她没有得到上司的夸奖和赞美，没有人感激她，也没有升职和加薪，但起码她让自己保持了一种极高的积极性，有助于防止因烦闷带来的工作疲劳。她依然是高兴的，为了把这件没意思的工作做得有声有色，她尽力了。这样一来，节省了更多的体力和精神，她在休息的时候也感到开心。

我再说说另一个打字员小姐的故事，也很有意思。这个故事的主人公是维莉·哥顿。这位打字员小姐发现，“假装”喜欢自己的工作很有意思，自己还从中得到很多意想不到的回报。她以前是不喜欢她的工作的，现在却发生了根本的改变，于是，她欣喜地在信中讲了自己的经历："我们办公室里共有4个打字员，每个人的工作都是为几个人打信件，我们时常会因工作量大而忙得找不到北。一天，一个部门的副经理非要让我把一封很长的信重新打一遍，我非常生气。我对他说，这封信只要改一改就可以了，没有必要重打。可他却说，要是我不愿意重新打的话，他就找愿意打的人重打。我当时气得冒火，但还是接过来重打了。重新审视这封信，我发现，很多人可能都会跳起来抓住机会来做我现在做的事情。而且，老板支付给我的薪水也就是要我做好这份工作。这样一想，我心里好受多了。于是，我就下决心，哪怕我不喜欢这份工作，也要假装喜欢它的样子。然后，我就发现，要是我真的'假装'喜欢了我的工作，我就真的喜欢到一定的程度。而且，当我喜欢我的工作时，工作的速度就大大加快了。所以，即使现在我不加班，也能完成工作。这在过去是不可能的。我的这种转变，大家都非常喜欢，一致认为我是一个很好的员工。后来，一个公司的主管需要一位私人秘书，就选择了我。他说，他认为我是一个乐意工作的人，从不会因为一些额外的工作而抱怨。通过这件事，我明白了一个道理，心态决定一切。这对我来说，是一个很重要的发现，它改变了我的生活。"

这里的哥顿小姐，就是运用了汉斯·维辛吉教授的"假装"哲学，他认为，我们要"假装"很快乐。如果你"假装"对自己的工作发生兴趣，这一点点的假装就慢慢使你的兴趣成真。自然而然，你工作时将不再感到疲劳、紧张和忧虑。

适度发泄坏情绪，轻装上阵

现代社会是一个竞争激烈的社会。为了不被这个社会所淘汰，我们必须努力学习，积极工作，改善生活。在这一过程中我们难免会不顺利，那么不快乐的情绪就会在心中产生。当我们对心中的不快放任不管时，心情就会越来越糟。如果心中的不快一直找不到宣泄的途径，就会在人们的心理上形成强大的潜在压力，轻则影响工作和生活，严重的甚至会导致心理失衡从而引发心理疾病。因此，心情不好时，我们要学会合理宣泄心中的不快，多想些开心快乐的事，这样低沉的心就会飞扬起来。

美国作家斯宾塞·约翰逊博士说，成功的创业者，不但要善于控制自己的情绪，还要为自己准备一个安全的情绪活塞，以便无法自控时把它打开。因为它是一种无害的发泄方式。

心平气和的女人并不是都不发怒的，她们把愤怒发泄于有益之处。

200余年前，诗人德来登便把一句拉丁成语改编成这样："你们要当心一个耐心者的愤怒。长久受压迫的情绪，一旦放松，便会酿成最激烈的爆发。”

斯宾塞·约翰逊曾经这样说：“我在发怒的时候，我绝不让别人知道。我会赶快走开，跑到楼顶上我办公室旁的健身房去，套上打拳的手套，和我的教练对打，把怒气发泄出来。如果教练不在，便拼命捶打沙袋。”

他的想法确实是对的。当他被刺激的时候，他并不竭力压制他的愤怒，而是跑到一个能发泄的地方，与拳师或袋子打起来。如果他打的时候，想象着他所打的袋子便是激起他怒气的那个人的头，那就更合他的口味了。

美国钞票公司的总经理伍德赫尔也想出了一种很好的办法，以发泄他的怒气。

年轻的时候，他在某公司做一个小小的职员。他很不悦，因为别人都不大重视他，而且他觉得提升迟缓。有许多青年都有这种感觉，但是如果他们表现得太明显，就会引起上司的不高兴。伍德赫尔是使用什么办法来发泄不满的呢？

他说：“有一段时期，我这种感觉非常厉害，渐渐扩大，以至觉得不得不离此而去。但是在我写辞职信之前，我去拿了一支笔和一瓶红墨水——因为黑墨水不足以发泄我火热的愤怒——坐下来把我对公司中每个上级职员和经理都批了个遍。我写得很不错，用了不少形容词。然后，把单子收起来，把我的愤怒说给一个老友听。”

“以后凡是我忍不住的时候，”伍德赫尔说，“我便坐下来把我所要说而不敢直说的话都写下来。这实在是一种很好的安全活塞。我写了之后，便觉得一身轻松。我把写的这些东西收藏起来，不给人看。以后，别人都晓得我有一种自制的能力。

我劝告所有人，无论年轻年老的，都学着写这种红墨水纸条，这是你发泄情绪的窗口。”

纽约的电气大王爱德利兹认为，把愤怒写在信上有时是很好的，它可以使你的情绪找到一个很好的突破口，不过这种信要留一天再发出。尤其是你要有相当的时间想一想这个重要的问题：“我这种愤怒的言辞如果公开会有什么结果呢？”

曾经在美国民众煤气公司做过30年总经理的比历兹有一种怪脾气，便是对小事容易发脾气，而对严重的事却能若无其事。有一天，把一盒雪茄烟遗忘在四轮马车里。过一会儿，记起来了，便回头去找，但是却已不见雪茄的踪影。

这使他非常愤怒，他大声吼叫起来，旁边站着的人以为他掉了很贵重的烟。但事实上却是5分钱一支的雪茄烟，一共不过几毛钱。

他这次的情况，与某次他损失一笔大款项时的情况形成鲜明的对照。那正是经济恐慌时期。比历兹先生因卧病在床，有几天没出去。可就在这几天里，公司损失了大约3万元。后来，当别人把这一损失告诉他的时候，他只用手摸着头发，想了一想，然后说：“算了吧，如果不打破几个蛋，是做不成软煎蛋的。”

斯宾塞·约翰逊告诉我们，如果因小事而急躁，那么，你就应去找一种发泄的办法；然后平和起来，保持你的精力，以准备应付你人生中的大事。

不要被坏情绪绑架

那是很多年前的事了，那时候我的事业才刚刚起步。女士们都知道，创业初期是很累人的，每天似乎都有忙不完的事。于是，为了减轻自己的负担，我决定请一个女秘书。后来，在一位朋友的介绍下，我雇用了一位名叫艾伦的小姑娘。我必须承认，艾伦的能力很强，的确让我轻松了很多。然而，只要是人就一定会犯错误，艾伦也不会例外。

这天，我在检查文件的时候，发现艾伦居然粗心地把一份很重要的文件搞错了。当时的我也并不成熟，所以就狠狠地批评了艾伦一顿。后来，当我静下来的时候，觉得自己的做法有些不妥，于是又向艾伦道了歉。

本来，我以为这件事很快就会过去，然而却并非如此，艾伦从此变得一蹶不振。她是个挺细心的姑娘，平时很少出错，可从那以后，她的工作却频频出错。不光这样，我还发现她工作的时候常常心不在焉，有时候我连叫几声她都听不见。我不知道艾伦是怎么了，难道就是因为我批评了她？不，我觉得不是，因为被别人批判也是一件很正常的事，不应该给她造成这么大的影响。

几天以后，我的那位朋友打电话给我，问我艾伦最近是不是出了什么事。我把艾伦的工作情况简单说了一下，并问他是如何知道的。朋友告诉我，艾伦的父母找到他，说艾伦最近变得沉默寡言，而且还非常容易发脾气，常常因为一件小事就和父母大吵一架。我似乎已经明白了其中的原因，于是在挂掉电话以后，我把艾伦叫到了办公室。

我问艾伦："有什么可以帮你的吗？我知道你最近情绪很不好！首先，我为我那天的行为道歉，因为我的行为受到了情绪的控制。真是对不起！"

艾伦对我说："不，卡耐基先生，这和你没有什么关系！即使你今天不找我，我也正打算辞职。实际上，从那次您批评我之后，我就对自己丧失了信心。现在，我根本没有办法集中精神工作，因为我老是担心自己会出错。可我发现，越是担心就越出错。不光这样，每天回到家的时候，我不愿意和父母多说话，而且心情非常烦躁，常常和父母吵架。对不起，卡耐基先生，我真的做不下去了，因此，还是决定辞职。"

老实说，当时我真的很想帮助艾伦，可是我却想不出一个好的办法。无奈，我只好同意了她的请求。事后，我专程前往华盛顿，到那里去拜访美国著名的心理学家约翰·华莱士，希望从他那里得到一些好的建议。

华莱士告诉我："艾伦这种做法是典型的情绪失控，而戴尔你也差一点做出同样的蠢事。从严格意义上讲，情绪不过是一种心理活动而已，但你千万不能小看它。事实上，它和一个人的学习、工作、生活等各个方面都息息相关。如果一个人的情绪是积极的、乐观的、向上的，那么这无疑有益于他的身心健康、智力发展以及个人水平的发挥。反过来，如果一个人的情绪是消极的、悲观的、不思进取的。那么，无疑就会影响到他的身心健康，阻碍他智力水平的发展以及正常水平的发挥。”

我同意他的说法，于是追问道：“那有什么办法能够解决这个问题吗？”

华莱士笑了笑：“很简单，做自己情绪的主人。”

女士们，不知道你们在读完上面的故事以后有什么感想？是不是觉得自己有时候也和艾伦一样？有人曾经说，女人是最情绪化的生物。我对这句话有些意见，因为它的言外之意就是说女士们都无法控制自己的情绪，都是情绪的奴隶。虽然不愿意承认这是真的，但事实却让我哑口无言。很多女士都被自己的情绪所绑架，似乎所有的烦恼、忧闷、失落、压抑和痛苦等全都降临到自己的身上。她们的生活没有了快乐，开始抱怨这个不公的世界。她们每天都祈祷上帝，希望她能早一天将快乐降到自己身上。

其实，女士们何必如此呢？人是世界上感情最丰富的动物，也是情绪最多的动物。喜、怒、哀、乐对于每一个人来说都是再正常不过的事情了，何必让那些小事打扰了我们正常的生活呢？其实，只要进行一定的自我调整，是能够让自己成为情绪的主人的。可是，什么还是有很多女士做不到这一点呢？答案就在下面这个例子中。

有一次，我的培训班上来了一位非常苦恼的女士。她对我说：“卡耐基先生，帮帮我好吗？我真的难过死了！”我问她究竟发生了什么事。她回答我说：“是这样的，我真的受不了自己的脾气了（请注意，她是说自己的脾气，而不是情绪。显然，她没有认识到本质的问题）。我不明白，为什么身为一个女人我竟然会如此的情绪化？我管不住我的脾气。经常会因为一些鸡毛蒜皮的小事大发脾气，有时候还又哭又闹。我知道这样做不好，可我也没办法。”我说：“既然你知道自己的问题所在，为什么不试着控制它呢？”女士显然有些激动，大声说：“我怎么没有控制？我试过了，可那根本不管用！一切都发生得太快了，我还没来得及多想就已经做出了判断。事实上，这一切都不是出自我本意。”

实际上，人之所以会被情绪控制，主要是因为当人们的周围环境变化得过快时，人们的潜意识会告诉自己：“不，绝不能让自己受到伤害，我一定要保护自己。”的确，这时候人的情绪就会指导人将自己变成一只蜷缩好的、准备战斗的刺猬，会毫不留情地攻击给你施加伤害的人。这也就是我们所说的情绪失控。

其实，很多女士都知道控制情绪的重要性，不过她们在遇到具体的问题的时候却往往会败下阵来。她们会说：“我知道控制情绪的重要性，也梦想着成为情绪的主人。可是，控制情绪实在是一件太困难的事情了。”显然，她们是在向别人表示：“我做不到，我真的无法控制自己的情绪。”

因此，女士们如果想主宰自己的情绪，成为情绪的主人，首先要让自己有这样的信念：我相信自己一定可以摆脱情绪的控制，无论如何我都要试一试。只有这样，女士们的主动性才能被启动，从而真正战胜情绪。的确，让自己拥有自我控制意识，是打赢战争的最关键一步。

其实，控制自己的情绪并不是一件非常困难的事，只要女士们掌握了一定的方法，还是完全可以做到的。

在这里，我还有一个小技巧要教给女士们。那就是当你们心中产生不良情绪的时候，不如选择暂时避开，把自己所有的精力、注意力和兴趣都投入到其他活动之中。这样就可以减少不良情绪对自己的冲击。

7

淡定是女人最深的味道

淡定是一种智慧，它使你在复杂多变的生活中控制起伏不定的情绪，使生活更舒心、更快乐。淡定，是一种思想境界，是一种心态，我们每个人都需要这种心态，在生活中才会处之泰然，宠辱不惊。淡定的女人不会等待着幸福降临，而是主动去追求自己想要的东西，努力为自己创造快乐的生活。

完整与完美

我们的眼里总是容不得沙子，认为只有完美才能带来快乐。所以，我们经常会因为某些缺陷而耿耿于怀、气愤不已。殊不知，缺陷有时也是一种恩惠。

所以，不要去羡慕别人，你所拥有的绝对比没有的要多出许多。欠缺也是你生命的一部分，接受它且善待它，你的人生会快乐豁达许多。

人们常禁不住羡慕别人光鲜华丽的外表，对自己的欠缺耿耿于怀，难免感叹："我什么时候能像他那样就好了！"其实他们并不像你所想的那么好。有人薪金丰厚，却因劳累过度而患病；有人才貌双全，却找不到一份真爱；有人家财万贯，子孙却不孝……

每个人生命都有欠缺，所以你不需要和别人比较，更不必为此生气。别人有比你好的地方，你也有比别人幸运的地方。不再与人作无谓的比较，反而更能珍惜自己所拥有的一切。

无比较，则安乐。

有一个名叫琳达的女人。她今年才20岁，长相一般，外表没有丝毫的吸引人之处，在同学和朋友中间一点也不起眼。为此，她的自卑感很强，眼见同学们各个花枝招展，总觉得自己是鸡立鹤群。她有一个很固执的想法，就是身为女性，如果长得不漂亮，肯定会失去很多美好的东西，找工作、交男友，肯定要处处吃亏。她越是这样想，心情越是忧郁，上课时也总是无精打采的。她觉得生活对自己来说毫无留恋之处，于是便想跳河自杀。

刚巧，一位老者刚好路过，对她说：人有两条命，一条是属于你自己的，刚才你已经自杀捐弃了；还有一条是属于众生的，愿你加倍珍惜这一条生命。琳达听完，嫣然一笑。

老者觉得她的笑美丽无比，于是赞美了她一番。老者说："每个人都不可能是完美的。但每个人都是完整的，你要看到自己的长处。你总是觉得自己不够漂亮，这不，今天你笑起来的时候，就很好看哦！"

琳达一听很高兴，从此她笑脸常开，觉得生活也变得丰富多彩起来。后来她成了一名著名的节目主持人。

我们的生活中有太多这样的故事。因为自身某方面条件的不完美而不能正视和接受自己，很多女人都在被与琳达类似的自卑心理困扰着。自卑的人在与人交往中，虽然有良好的愿望，但是总是怕被别人轻视和拒绝，因而对自己没有信心。想得到别人的尊敬，但行事又过于敏感，把别人的不快归为自己的不当。有自卑感的人往往过分地自尊，为了保护自己，常表现得非常强硬，很难让人接近，在人际交往中变得格格不入。在这样的心理状态下，想做到不生气又何其难？

有这样一则寓言故事：一个渔夫从海里捕到一颗世所罕见

的大珍珠，他欣喜若狂。可回到家里仔细一看，才发现珍珠上有一个小黑点。渔夫觉得很遗憾，他想，如果能将小黑点去掉，那就更完美了，肯定会成为无价之宝。

于是他便去找工具，着手把黑点去掉，可剥掉一层，黑点仍在，再剥一层，黑点还在，剥到最后，黑点虽然没了，珍珠也不复存在了。

其实，世界就是这个样子，它并不完美，以至于我们每个人的人生也不可能十全十美。要知道，许多东西是不能改变的，当发现自己的缺点之后，重要的是坦然面对，去寻找自己的长处，以更积极的心态去面对生活。

有自卑心理的女人，并不是她不够优秀，不够完美，而是她总在给自己制造不满意。过于评价自己不好，同样过于低贱自己则是对自己的一种不尊重与不负责任。做一个不爱生气、受人欢迎的女人首先要正确地评价自我，接受真实的自我。

当你对自己的外表不满意时，不要报怨老天与父母为什么不把你生得美一点。在人的一生中，只有两件事改变不了，那就是容貌与出身。接受这些无法改变的客观条件，就要在其他方面能够出众。例如你不漂亮，但你完全可以做得优雅；你不富裕，但你可以平淡从容；在为人处事中，你豁达热情。这些已足够你美丽起来了。

人与人之间，尤其是女人，并不是因为你长得多么漂亮人们才愿接受你，而是你的人格魅力，这种“完美”的女人足以让那些“美丽花瓶”自惭形秽。男人对这种女人的感情不是单纯看着好看的，而是一种更高层次的欣赏，这也是男女之间甚至整个人际关系中，最佳的一种彼此认同的态度。

从你的人生事业角度来说，如果仅因自己身高不够一米七而做不了自己喜欢的新闻职业，那你就大错特错了。虽然一般来讲一些职业确实对人的身高容貌有较大的要求，但是这也并不是不可改变的。退一万步讲，有这么多的职业，你为什么就非得做自己仪表没有优势的那行呢？世界并不完美，但如果你一定要完美，那是自己跟自己过不去，跟事物的客观规律作对。

如果仅仅因为自己的眼睛不是双眼皮就不敢看人；假如因为自己的头发不够漂亮就要整日戴帽子（包括夏天）；那么你怎么打扮也不会美丽，因为你的心不再美丽，不再健康。自然你的生命里多的是生气而没有快乐可言。

正如我在一本书中说的那样："发现你自己，你就是你。记住，地球上没有和你一样的人……在这个世界上，你是一种独特的存在。你只能以自己的方式绘画。你的经验、环境、遗传造就了你。不论好坏与否，你只能耕耘自己的小园地；不论好坏与否，你只能在生命的乐章中奏出自己的音符。"

委婉含蓄胜过唠叨

陶乐丝·狄克斯认为："太太的性格与一个男性的婚姻生活是否幸福有很大的关系。如果太太的脾气急躁又唠叨，还爱喋喋不休地挑剔，那么，就算她拥有普天下的其他美德，也都无济于事。有很多男人都活得十分颓废，没有丝毫的斗志，那是因为他的太太在无休无止地打击他的每一个想法和希望。她总是长吁短叹，埋怨自己的丈夫不像别的男人那样会赚钱；埋怨她的丈夫不像别的作家那样写出一本畅销书；埋怨她的丈夫得不到一个好职位。做丈夫的如果有了这样一位妻子，他真是有点倒霉。"的确，太太的唠叨和挑剔比奢侈浪费更能给家庭带来不幸。专家的研究将证实这一观点。

托曼博士是著名的心理学家，他曾对1500对夫妇作过详细的调查。调查显示，在丈夫眼中，妻子最大的缺点莫过于唠叨和挑剔了。另外，盖乐普民意测验和詹森性情分析这两个著名的研究机构的调查结果也是相同的。数据表明，唠叨和挑剔比任何一种个性都严重伤害着正常的家庭生活。

苏格拉底的妻子蓝西珀是出了名的悍妇。苏格拉底为了躲避她，大多数时间都躲在雅典的树下沉思哲理。杰出的大人物，比如法国的拿破仑三世，美国总统亚伯拉罕·林肯都受尽了太太唠叨的折磨；奥古斯特斯·恺撒因为实在不能忍受第二个妻子的暴躁脾气，终于与其离婚。

然而，可笑的是，无论是茹毛饮血的远古时代，还是现在，妻子们都认为自己的丈夫可以在她们的唠叨和挑剔之后有所改变。但古今的事实都证明，这种方法是徒劳无功的。当然，如果太阳能从西边升起的话，也许她们的丈夫也有可能在她们的折磨之下有所改变。

我有一个老朋友，从他结婚开始，他的妻子就总是取笑他的工作，她看不起他所做的任何事，他的事业几乎因此而毁掉。那时，他是一名推销员。他对自己推销的产品信心十足，每天，他都热情饱满地去工作。当他回到家里的时候，原本以为妻子能鼓励他，可是却得到了一番冷嘲热讽：今天的生意如何？带回佣金了吗？是不是又把经理的教训捎回来了？我想你知道，咱们得立刻付房租了吧。

尽管不断受到妻子的冷嘲热讽，我的朋友还是继续奋斗着。现在，他已经是一家著名公司的执行副总裁了。在他无法继续忍受妻子时，他们离婚了，他找了一个能给他爱心和支持的年轻女孩。而第一位妻子从来没有给过他这些。但是，第一位妻子并不明白她为什么弄丢了婚姻。她向朋友们诉苦："我跟他受苦受累，辛苦了这么多年，他一有了钱，就去找年轻的姑娘。男人都是没良心的东西！"她就是这样落到了如此可悲的下场。

假如有人告诉她，不是别的女人抢走了她的丈夫，是你自己的唠叨和挑剔使丈夫离你而去。我想，她一定不会相信的。

但这的确是真的。如果一直用轻蔑的态度去挑剔男人，那是在极力地打击和折磨着他们的自尊心，这些轻蔑的语言将摧毁他们自认为能够成功的自信心。

这样的事情在我另一位朋友的儿子身上也发生过。他只有20多岁，刚刚在竞争激烈的广告界找到一份工作，他急需妻子能用爱心和鼓励来保持他继续奋斗的勇气。他的妻子积极而又充满野心，她总是对自己的丈夫很不耐烦，指责他动作太笨拙。他痛苦地对我说，在妻子不停地嘲笑和打击下，他几乎没了勇气。最恐怖的是，他的妻子就像有滴水穿石的力量一样，最终腐蚀掉了他所有的信心。最后，他失了业，他的妻子也和他离了婚。但是离婚以后，就像生了病的人最终会恢复健康一样，他又把失去的信心重新找回来了。

“你怎么就那么笨，都多久了你才升了一级？比尔·史密斯都升了两级了，他的薪水可比你高得多。”“我哥哥太厉害了！那么能赚钱，他又给他太太买了一件裘皮大衣。”“如果我当初要是嫁给了赫波特，现在一定会生活得更好。”最具杀伤力的唠叨和挑剔莫过于将自己的丈夫和别人相比了。抱怨、诉苦、攀比、轻视、讽刺、嘲笑，对这些杀人不见血的残酷手段运用自如的女性实在是太恐怖了。唠叨不是学来的，一般都是一种习惯！然后，女人们就会像对麻醉药一样渐渐上瘾，再也不能改掉这个坏毛病。

如果一个女性在20几岁刚刚结婚时就唠叨个不停：我们什么时候才能买得起像玛丁那样的新房子？那么，当她60岁时，她肯定是个让人生厌的埋怨之神，任何事情都不能让这种女人满意。

这世上很少有不吵架的夫妻，但是只要人心理健康，就不会因为争执而使双方的感情产生裂缝。如果做丈夫的每天回家后面对的是喋喋不休的唠叨。那么，无论他有多么伟大的事业，他都有可能会从事业的巅峰滑下来。毋庸置疑，唠叨可以摧毁任何上进心。

有一次，沙姆·W. 史蒂芬教授在弗吉尼亚大学讲演时呼吁，丈夫应该拥有四种权力：拒绝唠叨和挑剔的权力；自由行动的权力；在每天的繁忙工作结束后换身衣服的权力；阻止自己得胃病的权力。因为我们经常检查自己的汽车，所以它才能正常驾驶。有时候，女性是因为身体不好，才经常对丈夫喋喋不休。所以，我们应该经常找医生作健康检查，以保持我们的身体健康。

精神的长期疲惫很可能转化成无休止的唠叨。找出使你疲惫的真正原因是最有效的治疗方法。之后，你要尽量将自己的生活安排得更合理。心理学家分析："精神上受到压抑时，也会使人唠叨。"当一个人受到打击，比如婚姻出了状况、性方面的障碍、被爱人冷落、对生活不满等，都会造成精神上的压抑。这些压抑郁积在心里，最终以唠叨的方式发泄出来。出现这种情况时，应马上找出造成精神压抑的真正原因，并通过正常的途径发泄出来，才能停止唠叨。一味地唠叨只不过是使压抑变得更为严重而已。

追求内心的平静

如果有这样一句神奇的语句——它可以停止争辩、消除怨恨并且带来好感，使人们关注你的谈话，你愿不愿意得到呢?

真的有这样的话吗?是的，它就是:“对你所感觉到的，我一点儿也不会责怪你，如果我是你的话，我也会有同样的感觉。”

即使是世界上最狡猾、最固执的人听到这句话，也会软化下来。可是你必须绝对真诚地说出这句话来。以卡邦的例子为证，假如你受遗传的身体、性情、思想与卡邦完全相同。如果你也身处他的境地，有他那样的经历，那你也会成为像他一样的人。因为只有那些事才是他沦为盗贼的原因。同样的，你不是响尾蛇，是因为你的父母不是响尾蛇。

你应当记住，你看到的那些恼怒蛮不讲理的人，他会成为那样的人，并不都是他的错；你成为你这样的人，也并不全是你自己的功劳。因此，要对这些可怜的人表示惋惜、怜悯和同情。要对你自己说:“感谢上帝，如果不是您的恩赐，我也会走上与他同样的道路。”

你每天遇到的人中，有3/4的人饥渴地需要你的同情。假如你同情他们，他们也会对你表示好感。

有一次，我在电台做播音，提到《小妇人》的作者路易莎·梅·奥尔科特女士。我知道，她在马萨诸塞州的康考特长大并写成她的著作。但我一不小心，说我曾到新罕布什尔州的康考特拜访过她的老家。如果我只说了一次，似乎还可以原谅。但是，我接连说了两次。

接下来，数不清的信函、电报蜂拥而来，他们纷纷指责我、质问我，有的几乎是侮辱。有位老太太住在费城，但她出生在马萨诸塞州的康考特。她对我发泄了她强烈的愤怒。当我看到她的那封信时，我对自己说："感谢上帝，幸亏我没有娶这样的女人。"

我想写信告诉她，尽管我说错了地名，可她也不能一点儿礼貌也没有，这是最不客气的评判。然后，我还会卷起袖子告诉她，我是怎么想的。但我没那么做，我努力控制住自己。我认识到只有那些昏了头的蠢人才会那样做——这也是大多数蠢人唯一的做法。

我不想和这些蠢人一样。于是，我努力试着把她的仇视变成友善。这对我将是一个挑战，但我喜欢做这样的游戏。我对自己说："如果我是她的话，可能也会有同样的感觉。"因此，我决定对她的立场表示同情。后来，我在去费城的时候，还打了个电话给这位老太太。对话的内容大概是这样的：我说："某某夫人，几个星期前，您写了一封信给我，我向您表示我的谢意！"

电话里传出她柔和、流利的声音，她问："很抱歉，您是哪一位？我听不出您的声音来。”

我说：“对您来说我是个陌生人，我叫戴尔·卡耐基。数星期前，您听过在我的广播电台做的有关路易莎·梅·奥尔科特的节目。您指出了我那个无法原谅的错误。我想，只有愚蠢的人才会犯这样的错误。竟然说错了她的出生地。我为此向您深表歉意。同时，对您写信指正我的错误，我表示感谢。”

她说：“我很抱歉，卡耐基先生。我在信里粗鲁地向您发脾气，我很抱歉。”

我说：“不！不！该道歉的不是你，应该是我。我说错了一个连小学生都懂得的常识。事后的那个星期天，我进行了自我批评，现在我特地向你致以歉意。”

她说：“我出生在马萨诸塞州的康考特城。近200年来，我们家族在马萨诸塞州的历史上非常有名望。我一直以我的家乡为荣。所以当我听到您说路易莎·梅·奥尔科特住在新罕布什尔州时，我很难过，也很气愤。但现在，那封信让我感到抱歉和不安。”

我说：“坦白地告诉您，我比您要难过得多占我犯的错误，并没有伤及您的故乡，却伤害了我自己。像您这样有地位和身份的人，能够这样坦诚地指出我的错误，实在是我的荣幸。希望以后我再有错误时，您一样能够诚恳地指给我。”

她说：“你知道吗，你这种勇于接受别人批评的做法会使人们更加欣赏和喜欢你的。我相信你是一个很优秀的人，我也很愿意认识你。”

因为我站在她的立场上，对她表示同情和道歉，我也同样得到了她的同情和道歉。我很高兴控制住了自己容易激动的脾气，同样我也对自己以友善回应对方的侮辱感到很满意。我并没有气急败坏地要她去跳河，而是以理解获取她的尊重，我也因此得到了更多的快乐。

索尔·霍洛克称得上是美国首屈一指的音乐经纪人。半个世纪以来，他同许多著名艺术家合作过，诸如嘉利宾、邓肯、巴甫洛娃等。霍洛克告诉我，他在与那些有着可笑、古怪脾气的艺术家打交道时，获得了一个宝贵的经验：必须同情他们，对他们怪僻的脾气必须彻底地同情。

有3年的时间，霍洛克担任世界低音歌王嘉利宾的经纪人。而嘉利宾像一个被宠坏的孩子，使霍洛克大伤脑筋。用霍洛克的话说："他各方面都糟透了。"

比如，如果晚间有音乐会的话，嘉利宾常常会中午打电话给霍洛克。他会说："索尔，我喉咙哑得厉害，很不舒服。恐怕我今晚不能上台了。"霍洛克听他这样讲后，会同他争辩吗？不，霍洛克才不会这样做！作为一名艺术家的经纪人，霍洛克知道他绝不能这样处理问题。所以，他会立即去嘉利宾住的旅馆，显得十分同情地说："太不幸了，我可怜的朋友……当然，你是不能再唱了。我得立刻通知人们取消今晚的演出。虽然你损失了几千美元的收入，可是跟你的名誉相比，那算不了什么。"

嘉利宾听霍洛克这样讲后，他会怀着感激的心情叹息地说："索尔，你等一会儿再来好了。下午5点钟来，那时看看我的情形怎么样。"

到了下午5点钟，霍洛克先生再去嘉利宾的旅馆，他坚持要替嘉利宾取消节目。可是嘉利宾又会这样说："你再晚一点儿来看我，到那时或许我会好一点儿。”直到7点半，这位低音歌王终于答应登台。但他坚持要霍洛克先生走上台，向听众报告说他患了重感冒，嗓子不好。霍洛克会假意答应，因为嘉利宾把这当成他上台表演的唯一条件。

亚瑟·卜盖茨博士在他那本著名的《教育心理学》的书中曾这样写道：“人类普遍追求同情，就像孩子们会急切地显示他受伤的地方，甚至故意割伤、弄伤自己，以博得大人们的同情。成人也有类似的情形。他们会到处向人显示他的伤痛，说出他们的意外事故，所患的疾病，特别是开刀手术后的经过。‘自怜’，实际上是所有普通人的习性。”

气质、魅力——女人一生的灵魂

美丽出于天然，而气质却需要经过后天培养方能形成。许多不美丽的女人因为自身独特的气质，总能在熙熙攘攘的人群中卓然挺立。气质是女人一件永恒的化妆品。

气质是指人相对稳定的个性特征、风格以及气度。性格开朗、潇洒大方的人，往往表现出一种聪慧的气质，性格内向、温文尔雅的人，多显露出高洁的气质；性格爽直、风格豪放的人，多表现为粗犷的气质；性格温和、秀丽端庄，气质则表现为恬静。无论聪慧、高洁，还是粗犷、恬静，都是一种气质美。

一个女人的真正魅力主要在于其特有的气质。这种气质对同性和异性都有吸引力，这是一种内在的人格魅力。

气质美看似无形，实则有形。它是通过一个人对待生活的态度、个性特征、言谈举止等表现出来的。走路的步态、待人接物的风度，皆属气质。

女人可以凭借自己漂亮的容貌吸引人们的眼球，赢得极高的回头率。但真正能让人们为之倾倒的，却是女人那如诗的美丽气质！

天赋的容颜是一道最容易消逝的风景。无情的岁月在夺走女人那面如桃花的容貌同时，也会在那张曾经漂亮的脸上烙印下岁月的痕迹。而存留下来的只能是生命中最本质的内容——气质！

气质是女人魅力的源泉，就如同一座山上有了水就立刻显现出灵气一样。一个女人只要插上了气质的翅膀，就会立刻神采飞扬、明眸顾盼、楚楚动人。

一位著名的女士说过："气质与修养不是名人的专利，它是属于每一个人的。气质与修养也不是和金钱、权势联系在一起的。无论你从事何种职业、任何年龄，哪怕你是这个社会中最普通的一员，你也可以有独特的气质与修养。"所以，气质对每一个女人都是公平的。每一个女人都能够得到气质精灵的宠爱，每一个女人都有机会展现自己独特的魅力。

女人的气质犹如花之魂、水之韵、松之魄，无影无形，很难用语言形容。

气质是一种智慧，一点点雕琢着一个女人，塑造着女人。一个不经意的动作，就能吸引所有人的目光。

气质是一种个性，蕴藏在差异之中，只有不断创新，才能拥有与众不同的韵味，成为一个让人一见难忘的人。

气质是一种修养，在城市流动的喧嚣中，洗练一种超凡脱俗的"宁"与"静"。

气质绝对是上天恩赐的财富，有气质的女人是那样的幸福。

有气质的女人像一本书，每一次品读都给人新的感悟。也许并没有引人注目的封面，却依然能令人爱不释手。

有气质的女人如一幅画，令驻足欣赏者不知不觉忘却了时间的流逝，只深深沉醉于她的万千气韵中。

有气质的女人是一段香，“零落成泥碾作尘，只有香如故”。枯萎老去的是容颜，气质女人的一缕香魂却将永不凋零。

其实，气质的获得并不困难。在日常生活中，你可以读最灵秀的诗，听最美好的音乐，选最精美的杂志，看最优秀的著作；关注一些时尚、服饰、配饰等方面的信息，平时言谈举止要多注意，避免粗俗化；有意识地主动与那些气质好的人交谈，以她们为镜，向她们学习。

在工作中，始终保持一种开阔的胸怀。这不仅是生存的需要，更是人生快乐的源泉。女性不仅要让“女人是弱者”的说法改变，还要将女性气质中的恬静、温和、性感等充分发挥出来，处处闪现出女人的迷人气质。女性要拥有一颗宽容和接纳的心，以自己的内在魅力去吸引注目的目光。个性独立、自主性强，这是现代女性成功所需要具备的心理素质，也是现代女性的另一番风韵，是一个气质女性所应追求和塑造的形象。

女性的内在气质，透出一种由外到内的魅力。作为女性来说，一种由传统熏陶出的文化美会使她更有特点，气质更加温柔、内敛一点。美女的标准是从内在美开始。她们有美好的心灵、高尚的道德、健康的身体、恒久的爱心；她们热爱自己的事业、家庭、朋友等，所有这一切构建了她们的内心世界。

如果你天生丽质，请让高雅的气质升华你的美丽；如果你长得不漂亮，也大可不必耿耿于怀，你可以从内而外修炼你独特的气质。只要心底灿烂，就会由内而外散发出恒久迷人的魅力。

真诚地赞赏、喜欢他人

莎士比亚曾经说过这样一句话："赞美是照在人心灵上的阳光。没有阳光，我们就不能生长。"心理学家威廉·詹姆斯也说过这样一句话："人性最深切的需求就是渴望别人的欣赏。"在人与人的交往中，适当地赞美对方会增强这种温暖而美好的感情。赞美具有一种不可思议的推动力量，对他人的真诚赞美，就像荒漠中的甘泉一样让人心灵滋润。

塞西莉亚想让母亲为她买一条裙子，但怕遭到母亲的拒绝，因为她已经有了一条裙子了。在这种情况下，母亲是不可能满足她的要求的。于是塞西莉亚采用了一种独特的方式。她没有像其他孩子那样苦苦哀求或耍赖，而是一本正经地对母亲说："妈妈，你是世界上最好、最漂亮的妈妈。你有没有见过一个孩子，她只有一条裙子？"这颇为天真的问话，一下子打动了母亲。事后，这位母亲谈起这事，说到了自己当时的感受："女儿的话让我觉得若不答应她的要求，简直对不起她。当时我想，哪怕在自己身上少花点儿，也不能委屈了孩子。"

这是赞美所产生的直接效果。女儿通过赞美母亲，达到了自己的目的。通过上述事例，我们认识到，适时的赞美，可以让女人减少前进道路上的阻碍。

一提起赞美，可能有人马上就会把它与巴结讨好、阿谀奉承联系起来。尤其是对女性，如果她善于赞美，甚至可能招致流言蜚语。其实，赞美和阿谀奉承完全是两回事，赞美是为了协调人际关系，以表达自己对别人的尊重和欣赏，增进了解和友谊。

喜欢听好话受赞美是人的天性之一。对来自社会或他人的赞美，每个人都会感到自尊心和荣誉感得到满足。而当我们听到别人对自己的赞赏并感到愉悦和鼓舞时，不免会对说话者产生亲切感，从而使彼此之间的心理距离缩短。因此，对于他人的成绩与进步，要肯定、要赞扬、要鼓励。当别人有值得褒奖之处，你应毫不吝啬地给予赞许，以使得人们的交往变得和谐而温馨。

当然，仅仅赞美是不够的。你的赞美还必须是真诚的、实事求是的，而不是夸张的、虚伪的赞美。赞美实际是向对方表示一种肯定、理解、欣赏和羡慕。对方从我们的话中领会到的就是这些。如果赞美不当，就如隔靴搔痒，起不到什么作用。如果不是真心赞美或赞美过火，可能会让人反感，觉得我们是在拍马屁。实际上，那些喜欢别人过分夸奖的人，也未必适合作为你的朋友。只有当你真的发现了别人身上的某些优点时，你再把它直截了当地说出来。这种优点并不一定要惊天动地，一些细微处的赞赏可能更感动别人。

赞美自古有之，但绝不同于吹嘘。吹嘘的东西往往不切实际，刻意夸大，而赞美则是有根有据。只要你能用“金无足赤，人无完人”的眼光，多看朋友长处，少找缺点，就会发现这个世界上值得你赞美的东西实在太多了。

要成就事业的女性，除了表现自己，让周围的人注意到你以外，别忘了给身边的人鼓励与肯定。说到这里恐怕有人会说，妻子不会或顾不上赞美，而丈夫也没有可赞美之处，那怎样赞美呢?

这里有一个赞美加引导的艺术。倘若你不欣赏丈夫的某一点，可以加以引导。比如丈夫某次接待客人时表现得文雅而不粗俗，妻子可以大加赞美，这样丈夫往往喜欢迎合妻子的赞美，做出妻子欣赏的事来。如果赞美是出于真情实意，就能激发对方沉睡在心底的爱，夫妻之间就会很少有厌倦感。这种依恋之情是夫妻的黏合剂，是总也不会乏味的情爱。赞美应该像光照在镜子上一样，必须要折射回来。妻子赞美丈夫是限制、激励其行为的方法，而让丈夫赞美的妻子，才能得到温情蜜意，才能唤醒心底的爱。

男性经过女性赞美后，将变得更具信心，更乐于付出。向男人请教，是提高男性尊严的好方法。男人喜欢扮演智者的角色，当你征询他们的意见时，他们觉得需要被尊重，就会乐于提供各种意见和建议。22岁的黛芙妮是保险经纪人，在向男同事请教的过程中，她发现自己获益匪浅。她觉得，女性柔弱的特质，在男性眼中绝对是优点，而且也是督促他们努力表现的最佳原因。对于男性，要让他们得到足够的敬重。懂得这些道理的女性，相信即便身处被男人包围、竞争激烈的职场上，也能如鱼得水，成就一番事业。

赞美人最要不得的是只当着甲的面来恭维和赞美甲，他可能不吃这一套。假如你当着大家的面来赞美他，为他做一次义务宣传，他一定很高兴，只要你说得不过火，大家也不会觉得你是有意吹捧的。最好的方式是在背后赞美他。一传十,十传百，总有一天会传到他耳朵里。他会不由得感激你。作为一种情感上的回报，时机一到，他也会反过来赞美你，并不会忘记正是你使他美名远扬。在背后称赞他人是一种至高的手段，在各种恭维的方法中，要算是最能使当事人高兴、最有效果的了。

德国的铁血宰相俾斯麦，为了拉拢一个敌视他的属下，有计划地在别人面前赞扬这个属下。他所说的话最后传到那个敌视他的属下耳朵里。后来两人成为无话不说的政治盟友。背后赞美别人的确是一种巧妙的驭人术。在背后赞美人，会使人感到更真实，如果传话的人再夸张点儿，那就更悦人，更能产生奇效。我们赞美别人，就是明白地告诉他（她），我们认同你、欣赏你。你有值得他人赞美的美好一面。一句赞美的话，会使对方拥有信心、勇气和爱心，一种美好的品德可能会由于赞美破土而出，一种深藏的恶意可能会因为得到其他鼓励而胎死腹中。因此，我们不应该吝惜对别人真善美的感动，不应该吝惜将它说出来。一声赞美或许微不足道，但会使生活美丽无比。赞美，就是生活里一朵温馨的小花，开出赏心悦目的风景。生活会因为赞美，花开不败。

8

作出自己生命的决定

生命并非是一段快乐的、充满幸福的旅程。人们在实现人生快乐的同时，也要承受它带来的痛苦。生活中的不如意总是不期而遇地到来。生命的历程就是这样，他有时是一片光明，有时会陷入黑暗；有时处于人生的巅峰，有时又把你抛入人生的低谷。真正内心强大的女人，会勇敢地接受生活的考验，沐浴最美的阳光和雨露。

学会放松

有个科学结论可能令我们大吃一惊：只从事脑力劳动是不会令人疲乏的。听起来难以置信。但几年前，科学家试图估算出人脑要集中精神多久才会有“超负荷”的疲劳，也就是为“疲劳”下个精确定义。科学家发现，当人脑活动时，流经脑中的血液毫无疲劳迹象！可是如果从正在紧张工作的工人身体中抽取的血液，就含有“疲劳毒素”以及疲劳代谢物。如果把爱因斯坦脑血管的血液进行化验，就会发现其中并不含疲劳毒素。

工作8个小时，就脑力活动来说，甚至消耗12个小时的体力后的身体状况与工作前并无明显差异，头脑是不会疲倦的，可是到底是什么使你感到疲倦的呢？

心理学家声称人们会感觉倦怠，主要来自心理态度及情绪状况。著名的英国心理学家海菲德，在其著作《心理的动力》中提出：“我们的倦怠感绝大部分来自于心理状况。因生理产生的纯粹疲倦是很少见的。”

美国著名的心理学家布利尔阐释得更加清楚透彻。他说：

"身体健康的工人感到疲倦的原因，百分之百是由于心理作用，也就是情绪性因素。"

什么样的情绪促使工人感到疲乏易倦呢？是快乐？是满足感？不！肯定不是的！而是呆板、满腹怨气、厌恶、被忽视的感觉，焦急、烦躁及忧虑的情绪——这些情绪是使人疲惫易患感冒、生产能力下降，并把神经性头痛带回家。确实，之所以感到疲倦，完全是因为情绪引起生理方面的紧急反应。

在谈论"疲倦"的小册子中大多保险公司也指出："工作辛劳，很少会引起恢复不过来的疲劳……心烦意乱、神经紧张、情绪困扰才是引起倦怠的三大主因。人们总是指责体力或是脑力工作是原因。请记住紧张的是工作中的肌肉，平时放松，才能节省精力，对付关键的任务。"

现在立刻停下手里的工作，做个自我检查。在阅读这几行字时：是否眉头紧皱？双眼觉得酸痛吗？是在椅子上轻轻松松地坐着吗？你的双肩耸起吗？面部肌肉紧绷吗？只要全身放松，像个布娃娃就好了，否则你现在就在让神经及肌肉紧张，正在制造疲劳。

为什么人们会下意识地产生这些无用且有害的紧张呢？乔瑟林说过："我发现最主要的心理阻碍……是世上所有的人都相信工作努力必须表现出一种很费力费心的感觉，否则事情不算办得好。因此，精神集中时就会皱眉，耸着双肩，使我们的肌肉进入一种'费力'的状态，其实这对我们的思考毫无裨益。"

可悲的是：许多人在金钱方面非常节俭，却毫无节制地奢侈透支自己的精力。这属于精神倦怠，我们该如何处理呢？答案是放松、放松、努力放松！在工作中学会放松。

很容易吗？当然不容易，可能你一辈子都得为改变这种不良习惯而努力，不过这种努力是物有所值的，因为这可能改变你的人生并有巨大的变革作用！威廉·詹姆斯在他的论文《放松的佳音》中说："美国人紧张过度、生活无规律、躁动不安把自己搞得喘不过气来……其实所有这些都是坏习惯。"紧张是一种习惯，放松也是一种习惯。坏习惯当然可以改正，良好的习惯也可以培养。

怎样才能放松？是从大脑开始，还是从放松神经开始？都不是！首先要放松你的肌肉。

让我们试试，比如先从眼睛开始放松。先读完这一段，往后仰，轻轻闭眼，心里对自己说："放松！放松！不紧张了，不再皱眉了，放松，放松！"重复、重复，至少坚持一分钟……

有没有发现，几秒钟后眼睛开始接受你的指令，紧张开始清除，确实这么神奇。在一分钟内，你已体会到放松的秘诀。下巴、脸部肌肉（脖颈脊椎、肩膀及全身都可以运用这个方法。芝加哥大学的雅库森博士非常大胆地预言，只要的你眼部肌肉能放松，一切烦恼皆可避免！眼睛在消除精神紧张方面至关重要，主要因为双眼消耗了人整个身体1/4的精力，许许多多视力正常的人饱受眼睛紧张的痛苦，就因为眼睛很容易疲倦。

著名小说家维琪·鲍姆的童年时代，曾经有人给她上过使她受益终生的一课。有一次，她从高处摔下，膝盖跌破了，手腕也受伤了。一位曾做过马戏团小丑的老人抱起她，对她说：

“你受伤完全是因为你的全身太僵硬，你必须想象自己非常柔软，像个软布袋。来！让我教你怎么做。”

那位老人从此教维琪还有其他孩子学习如何有技巧地摔倒、翻筋斗。而他不断提醒：“想象自己是个软袋子，你就会完全放松！”

在任何地方你都可以放松自己，只是不要勉强去做。放松是一种无紧张不用力的状态。心里想着放松，从眼部及面部的肌肉开始放松，反复数遍告诉自己：“放松，放松，放松……”用心体会紧张力量从你的面部肌肉回到体内，想象自己如同婴儿般放松。

声乐家寇奇也是使用这种方法的。有人跟我说，寇奇在演出前，坐在椅子上放松面部肌肉，下巴松得就像悬挂在那里。这样做，使她在上台演出前就免除了紧张情绪，也等于驱除了疲劳。

工作是我们都要面对的，无论是在公司与男人一样冲锋陷阵，还是在家里与孩子和家务斗智斗勇，我们都要懂得恰当地放松，否则，疲倦与崩溃的感觉迟早会不请自来。

懂得说“不”

生活在这个社会上，我们不可避免地会遇到亲友真诚地向自己诉说难处，请求帮助。人们求助别人办某件事并非是盲目的，往往是经过周密的分析，认为你有可能办成才开口的。假如你确如朋友分析的那样有“手到擒来”的本事，亲友会觉自己分析得不错。假如你的能力并不像朋友所估计的那样（而这一点你比谁都清楚），你怎么办？硬着头皮接下来？

当然，这样也许当时不会伤了你们之间的和气，然而却是后患无穷。一旦事情办不成，你的朋友也错过了另求别人的时间和机会。因为你不好意思拒绝，而把一件别人可能办成的事情给耽误了，那朋友们会对你作何感想呢？如果当时你能直言相告或婉言拒绝，使他知道你在办这件事上的种种不便和种种不利，以及成功的可能多么小。虽然你的朋友可能会对你的诚意产生怀疑，但当他们了解到实际情况之后，不但会理解你的处境，还会对你的坦率表示敬意，相比之下，你又会失去什么呢？

很多人在想要拒绝对方的时候，会产生一种“不好意思”

的心理，这种心理阻碍了人们把拒绝的话说出口。由于这种矛盾的心情，态度上就不那么热心，说话吞吞吐吐，欲说又止欲藏又露。在这种心理的制约下，最终往往是依照对方的意图行事。即使拒绝对方，其态度也容易使对方产生误解，认为你成心拿架子，不够朋友。因此，要想使自己在工作和社会交往中，不至惹出许多麻烦，首先要克服这种“不好意思”的心理障碍。

研究拒绝艺术的专家强调，要建立这样的意识：“你有权力说‘不’，你不必因为拒绝了别人而感到不好意思。”这样，你在拒绝时就会心情坦然、举止大方、态度明朗，避免被误解和猜疑。即使对方开始会对你的拒绝产生一点儿失望和遗憾，但由于你的态度表情向对方表明你是坦诚的，使对方受到感染，容易弱化对方心中的不快。如果你自己都觉得不应该拒绝，心里发虚，那么你的态度表情就会迟疑不决，对方也会觉得你拒绝的理由是不可信的。

在时装店，你在挑选一件裙子，样式和做工都令人满意，但在价钱上你觉得不够理想。但是，看到售货员的热情服务，你又不好意思不买它。售货员就是利用你的这种心理，越是看到你在犹豫，就服务得越热情越周到，帮你量好尺寸、试大小，甚至动手包装好，放进你的购物袋里，造成既成事实。

初次交男朋友，你也许会感到左右为难，因为他的长相实在让人爱不起来。但是，由于是你上司介绍的，或者是上司的儿子，使你在拒绝上产生了犹豫。虽然每次会面都使你感到不舒服、不愉快，恨不得马上逃得远远的，但你一想到小伙子的身份，上司的威严，你就不得不仔细斟酌。然而小伙子对你一见倾心，脉脉含情，你的上司也觉得好事可成。随着时间的推移，你一再丧失拒绝的机会，勉强自己，这样成就的婚姻是不会幸福的。

不知生活中有多少人因为不好意思说出那个“不”字，而买了不称心的裙子；嫁给了自己不喜欢的男人；答应了自己办不到的事情。那么，遇到应该表示拒绝的时候，怎样才能不伤朋友的面子呢？有经验的人们告诫我们，坦诚直率地表明态度，只是拒绝的开始而不是结束。如果要使对方不积怨，仅仅说出“不”字还远远不够。在可能的情况下，要尽量申明拒绝的理由：因为自己力不胜任，现在没有时间，有某种为难之处等。

当然，对方求助于你，事前多半思考过你有应允和不应允两种回应，而应允的可能性较大，才来求你。因此，你只有说明你不能应允的理由，才能改变他们的心理定势，对你的拒绝表示谅解。在你申明理由时，可信度越高越好，千万不要随意编造虚假的理由。因为这里潜伏着一种危险：一旦对方发觉你在撒谎，认为你不够朋友，你们之间的友谊马上就会结束，甚至招致积怨难消。

拒绝别人时，要坦诚明朗，不要优柔寡断。当然，这并不是主张在任何情况下，对任何人都直来直去地说出这个“不”字。对于那些自尊心较强、反应敏感、或是“脸皮薄”的人来说，只婉转地表述拒绝的理由，而不说出拒绝的话会更好一些。因为对方会从你的话音中体察到你拒绝的意图，做出相应的反应来。这种拒而不言不、不言推的方式，可以避免对方感到下不来台，丢面子，避免破坏双方友好的气氛。

比如，当别人在你正要出门时来访。你在表示欢迎的同时可以说一句："你来得真巧，稍晚一会儿定会扑空！"这等于暗示对方，你马上要出门办事。如果对方是知趣的人，便会简短地说明来意后很快告辞，或者另约时间再访。这比由你发出明确的"逐客令"要好得多。需要注意的是，你的暗示必须含义清楚，使对方易于觉察。

当对方确有为难之事求助于你，你又无力承担或不想插手时，你可以用为对方寻找其他出路的方法，来弱化可能产生的不愉快。比如，"这件事我实在没有时间帮你去办了，你不妨去找某某试试。""这份资料我这几天还要用，不过图书馆里还有一份没借出去，你赶快去还可以借到。因为对方有了其他出路，就会对你的拒绝不在意了。"

但是，我们不要轻易地拒绝别人。每个人一生中都有许多需要别人帮助的事情，也常常会无意识地打扰对方。你求助别人的时候，还会很多的。

另外，在你拒绝对方的求助之后，不要以为这件事已经到此结束了。许多善于交往的人常常会事后问对方他那件事办理得怎样了，以示关心，顺便再次表示歉意。

要说出表示拒绝的话。的确不是一件容易的事，尤其是面对老朋友。但是，为了你的声誉，为了你的利益，为了彼此都能正常地生活，为了大家都不至于误解和猜疑，有话还是明说好，有一说一，有二说二，不要打肿脸充胖子，因为那样做后果不知会变成什么样。

学会拒绝别人就像学会向别人倾诉一样，给你带来的益处，就是你能坦坦然然地做人，愉愉快快地生活。

快乐之人受偏爱

准备写这本书的时候，我曾悬赏200美金征文，要求以“如何快乐起来”为题，讲述身边最能打动人心的自我激励的故事。

这次征文比赛有三位评委，东方航空公司的董事长艾迪·雷肯贝克，林肯纪念大学校长史都华·麦克柯里南博士，广播新闻评论家卡谭·波恩。我们评选了两篇非常优秀的作品，大家一致认为这两篇都好。最后，只得让这两篇作者平分奖金。下面这个故事就是其中的一篇文章，作者为密苏里州春日镇的波顿先生。

文章写道：“19年前，我母亲突然离家出走，再也没有回来过，跟她一起走的两个妹妹也没回来过。又过了7年，母亲才给我来信。母亲离家后3年，父亲死于一次车祸。当时他与别人合作在密苏里州的一个小镇买下了一间咖啡店，后来合伙人趁我父亲出差时卖了咖啡店，拿着钱跑了。朋友打电报告诉父亲，让他快回来处理。匆忙回来的路上，在堪萨斯州沙林那城就出了车祸，他永远离开了我。我还有两个姑妈，但都又穷又老又病，她们带走了我们五兄妹中的三个，剩下我和弟弟没人管。人们不愿意被当成孤儿，但也没办法，只能乞求别人的帮助。后来我到一户人家落户，但不久男主人就失业了，我只好再离开。

“后来我被罗福亭家收留，住在离镇上五、六公里远的农庄里。罗福亭先生70岁了，患有‘缠腰龙’的带状疱疹，一天到晚躺在床上。他对我说，只要我不说谎，不偷东西，听话，做事，就会让我一直住下来。他说的话成了我的圣经，我完全按他的指示做事。后来我就上学了，但第一天我就躲在家里像婴儿一样大哭起来。因为别的孩子找我麻烦，笑话我的大鼻子，说我笨，喊我‘臭孤儿’。我伤心得想去打他们。罗福亭先生却告诉我：‘你要记得，远离打架的人，要比留下来打架的人伟大很多。’我听了他的话，坚持忍受，不跟人冲突。除了有一天，一个孩子把从学校的院子里抓来的一把鸡屎丢在我的脸上，我上去狠狠揍他了一顿，结果还交了几个朋友，大家都说那个孩子活该。

罗福亭太太送我一顶新帽子，我非常喜欢。可是有一天，有个女孩子扯掉了我的帽子，把里面装满水，帽子就坏掉了。她还振振有词：‘我是为了弄湿你的大脑袋，好让你那玉米花似的脑筋不要乱爆。

我从不在学校里哭，可一回到家就忍不住大哭起来。直到罗福亭太太出来安慰我，我所有的烦恼和忧虑才烟消云散，开始尝试与人化干戈为玉帛。她对我说：‘罗末，要是你表现得对他们有兴趣的话，想想自己能为别人做些什么，也许他们就不再来惹你，喊你臭孤儿了。’我听了她的话，并努力地读书。

后来我成了班上的第一名，也没有人妒忌我了，因为我总是想法帮助别人。

我帮助很多同学提高作文写作能力，替她们写读书报告。有的同学不愿意让父母知道我在帮他们，就告诉父母说抓袋鼠去了，然后一溜烟儿跑到我家，把猎狗关进谷仓里，然后让我辅导他们学习。

我们附近的农场发生了变故，所有的成年男人都死了，四户人家只剩下我这个男性，我就与这些寡妇们一起生活了两年。每天放学后，我就到她们的农场帮忙，砍柴、挤奶，给家畜喂食喂水，人们都很喜欢我，把我当朋友看待，也再没人骂我了。从海军退伍回来，我真正体会到人们对我的感情。我回家的第一天，就有两百多个农夫来看我，甚至还有人是从几十公里外开车过来。我一直努力去帮助他人，让自己远离忧虑，13年来，再也没人叫我'臭孤儿'了。"

快乐是有传染性的，但只有让别人快乐，自己才能变得快乐。

已故的佛兰克·陆培博士也是如此，他因风湿病，不得不躺在华盛顿州西雅图他那张床上23年。《西雅图报》的记者史都华·怀特豪斯写信告诉说："我多次拜访陆培博士。在此之前，我从来没见过像他这样无私、如此珍惜生命的人。"

像他这样的病人，只能每天躺在病床上，怎样过日子呢？他有没有整天抱怨和批判呢？没有！他是不是充满自怨自艾，想要成为所有人注意的焦点呢？不是！他是不是希望所有人都同情他、照顾他？也不是！相反，他把威尔斯王子"我为人服务"这句名言当做自己的座右铭，同时搜集了许多患者的名字和联系方式，写信鼓舞他们，让他们得到快乐。这样做对他自己也是一种激励。他还组织过一个旨在维持病人之间联络的俱乐部，还组织过一个被称做“病房里的社会”这样一个全国性的组织。

他就这样躺在床上几十年，平均每年发出1400封信，人们捐赠的收音机和书籍，又被他转送给其他病人，为成千上万名病人都带来了欢乐。

与普通人相比，陆培博士有什么特别的吗？只有一点，他有一种强大的内在力量，以此来完成任务、接近目标。他能从这高贵的理想中得到快乐，而不是成为一个萧伯纳笔下的“以自我为中心的老家伙，整天抱怨世界不让他开心”。

那些随意的小幸福

有一次，我到芝加哥去拜访我的老朋友萨巴兹。他是一名法官，曾经处理过4万宗和婚姻有关的案件，并曾经促使2000多对夫妇重归于好。因此，我的这位朋友完全可以算得上是婚姻关系方面的专家。于是，在闲谈间我问他，什么才是导致婚姻失败的罪魁祸首。他的回答让我大吃一惊，他说："戴尔，你可能会认为经济困难、性生活不和谐、性格不合等是导致婚姻失败的主要原因。是的，我承认，那些东西确实起到了很大的作用。然而，大多数夫妻之所以不能和睦的生活，主要原因就是他们忽视了生活中的小细节。举个小例子，如果妻子能够在丈夫早上出门的时候愉快地和他挥手说再见的话，那么芝加哥的离婚率将会降低很多。"

曾经有一对夫妻找到萨巴兹，说他们两个已经下定决心离婚了。于是，萨巴兹让他们坐下来，商讨一下有关离婚的条件。经过一翻讨论，这对夫妻惊讶地发现，原来他们彼此还很惦记和关心对方，因为在一些事情上他们还是会考虑彼此之间的需要。这对夫妻终于明白，他们之间并不是没有了爱，而是因为爱被繁忙的工作和生活中的琐碎细节所淹没了。最后，这对夫妻都同意撤销离婚协议。这个事例足以证明，只要夫妻之间能从细节做起，那么一段看似支离破碎的婚姻是完全有恢复的可能的。

的确，在现实生活中有很多妻子并不太重视生活中的那些小的细节。在她们看来，只要把大方面处理好，就一定能够让家庭幸福快乐，至于小细节则不值一提。女士们忽略了一个问题，那就是一段婚姻实际上就是由成千上万个小细节组成的。试想一下，如果女士们忽略了所有的细节，那对于一个家庭来说将是多么可怕的灾难。美国《评论画报》上曾经有这样一篇文章，上面写道："对于任何一个美国家庭来说，注入新鲜事物都是很重要的。"比方说，一个男人经常会把身体靠在沙发上，跷着二郎腿欣赏体育节目的行为看成是一件美妙的事情。然而，大多数妻子则认为，这种行为是一种没有教养的做法。

女士们应该清楚，一段婚姻的本质就是一连串的小事情连接起来的生活。如果妻子忽视了这些小事情的作用，那么就一定会和自己的丈夫发生矛盾，就像阿迪娜·米勒所说："毁灭我们幸福美好时光的并不是已经失去的爱。实际上，正是生活中的小细节促使了爱的死亡。"如果女士们有时间的话，不妨多去婚姻法庭旁听。一段时间之后你就会发现，夫妻之间的感情往往都是被一些琐碎的小事毁掉了。

爱因斯坦一生中经历过两次婚姻。他的第一任妻子名叫米利娃。坦白说，米利娃也是个好姑娘，只不过是她更渴望从丈夫那里得到关爱。可是，既然她选择嫁给了爱因斯坦，那就必须把自己的位置摆在科学研究之后。于是，她开始对丈夫抱怨、不满。当然更不会对爱因斯坦表示关心。最后，两个好强的人都到了忍无可忍的地步，只好选择离婚。

后来，爱因斯坦又与爱丽莎结为夫妻，这可是位善解人意、体贴入微的妻子。她知道自己的丈夫需要搞科学研究，也明白丈夫需要她的关心和照顾。她从来不去干预丈夫的工作，总是默默地替丈夫搞好后勤，让丈夫能够安心搞研究。爱丽莎的举动让爱因斯坦感动异常，总是会尽量抽时间去陪她。正是这种互相体贴才让他们两个都过得幸福、愉快。爱因斯坦曾经这样说过："以前我并不懂得在小事上体贴我的妻子，因为在我看来科学研究才是最重要的，那些小事都是女人应该做的。可是，我的爱丽莎通过行动让我明白，要想获得美满幸福的婚姻必须懂得互相体贴，而这种体贴要从小事入手。相对论是我发明的，但这里面却有爱丽莎一半的功劳。"

爱丽莎真是一位伟大的女性。因为她通过自己的努力不仅让丈夫获得了成功，而且还亲手营造了一个美满幸福的家庭。可能有些具有女权思想的女士会说："我不明白，我们为什么要忍受如此的折磨？这些努力没有报酬，荣誉都是属于男人。"如果你们是这么想的，那么就大错特错了。试想一下，如果女士们无私地为丈夫奉献了自己的一切，丈夫怎么可能会不感谢你们？

实际上，在日常生活中最能让丈夫感到亲切和温暖的事，正是妻子在小方面所表现出的体贴。当你丈夫在晚上拖着疲倦的身子回家的时候，你是否已经为他准备好洗澡用的热水？如果你的丈夫在公司被上司训斥了一顿，回到家显得心情非常烦躁的时候，你是否会默默地为他端上一杯热茶或是热咖啡？如果你做到了，那么你就已经成功了。如果你没做到，那么你就应该努力去做。

女士们可能会说：“我一直都在按照你所说的去做，可是我的丈夫却并不领情。”的确，女士们是这样做了，可你们却是把自己定位成女佣或是咖啡馆服务员。你们会很不耐烦地问丈夫“我说，热水我早就已经准备好了，你怎么还不去洗？”或是“你要不要来杯茶”、“快说你到底想喝什么茶”……实际上，任何一个心情烦闷的人都不会有心思去回答你所提的问题的。我的朋友胡瓦克·阿格斯是个非常幸运的男人，因为他有一个“十全十美”的妻子。他曾经和我说：“我觉得我现在之所以会比很多男人生活得更加幸福，主要是因为我有一位体贴入微的妻子。我有很多话想对她说，但我最想说的是，如果再给我一次选择的机会，我仍然愿意选择她。当然前提是她依然肯嫁给我。应该说我是成功的，但我所取得的任何一点成功都是和我妻子密不可分的。”

没有爱情的婚姻是不幸福的，即使你拥有了金钱和权力。可是，如果作为妻子，你能够让你的丈夫在你细微体贴的爱情中获得自信和幸福感的话，你们的生活将会在精神境界上有很大的提高。

女士们，如果你们给予了丈夫生活中细小的体贴，那么也一定会从他们身上得到无穷的快乐。我知道，女士们都想获得一段美满幸福的婚姻：那么你就更应该珍惜生活中的这些小事，小的幸福。

坚持奋斗，就是对自己最大的忠诚

美国著名整形外科医生马克斯韦尔·莫尔兹博士说：任何人都是目标的追求者。一旦达到一个目标，第二天就必须为第二个目标动身起程了……人生就是要我们起跑、飞奔、修正方向。如同开车奔驰在公路上，偶尔在岔道上稍事休息，便又继续不断地在大道上疾跑。

有一个小女孩名叫罗斯。有一天，老师让学生们把自己的梦想写出来。罗斯写的梦想是拥有一个属于自己的豪华农场，并且还画了一张农场的设计图。老师给她的答卷打了个不及格，并批评罗斯是在做白日梦。老师认为，建农场需要一笔很大的开销，而罗斯年龄这么小，又是个女孩，既没钱又没家庭背景，怎么可能实现这个愿望呢？

小罗斯却很认真，她把自己的梦想细细地描述出来，并且还确定了每个不同阶段的目标，之后她就朝着这个目标努力。多年后，罗斯终于有了一座属于自己的豪华农场。有意思的是，当年那位批评过她的老师还亲自带着学生来这里参观。这位老师对自己当年的做法惭愧极了。成功的路是由目标铺成的，为目标而努力就能达成梦想。选择目标的重要性毋庸赘言，关键是如何选择最佳目标、如何为目标而努力。

人生要有目标，把自己的目标写出来，再罗列自己的优点、所希望的成功类型、心理素质、健康状况、家庭及社会情况，将自己的目标一一对照，筛选出最适合自己的目标。即使你现在有工作，你也应该抽出时间到职业交流中心看看，进行行业咨询，收集相关信息，多和朋友联系，多了解社会资讯，以便找到并实现自己的最佳目标。

多留心一些经济信息，多关注社会，随时走在时代的前面，自然会有宽广的视野。

如果你目前的工作并非你的兴趣所在，不利于你长远的发展，只会白白消耗精力，那你不妨多“充电”，提高自己的能力，转向通向自己梦想的目标，而不能不负责任地得过且过。

有了目标，如果不懂得如何去为目标努力，那再好的目标也是枉然。为着目标而努力，不是一味埋头苦干就行的。你还需要突破一些阻碍你成功的心理和现实方面的障碍，学得更活泛一些。

为了更接近你的目标，你得有一些业余爱好。别人会的，你也要会一点。

伊莲看起来永远都活力四射。20几岁的她已经是美国一所著名大学的博士生。全额奖学金让她的生活相当宽裕。一个能通过优异的考试成绩顺利攻读一所世界知名大学硕士、博士学位的女孩，在人们的心目中，一定是只知道学习，对周围一切都漠不关心的。伊莲却不是这样。在紧张的考试复习时间她会从教室跑回宿舍看一场足球比赛；她学理科，却会写出一篇篇优美感人的散文；她喜欢跳舞、唱歌、摄影，喜欢各种好玩的游戏……

学习忙碌的她学会了开车，还学习烹饪、绘画、按摩……她学的东西这么多，一定很累吧？但每次见到她，都是一副很快乐、精力很充沛的样子，让人十分佩服。

毫无疑问，伊莲是一个既会学习又会生活的人。可以说，她现在学业这么出色，应该与她什么都要尝试的积极生活态度有关。我们完全可以想象伊莲将来事业、生活等各方面的出色。因为她具有一个成功人士的素质。

所以，女孩子一定要注重自身管理，这是一种生活的策略。

试想，一个工作努力又多才多艺，能在单位节日晚会上大显身手的人，和一个工作勤勤勉勉却没有什么爱好和特长的人，哪一个更容易得到升职的机会？

不要总是抱怨别人只看重外表，你也应该学习包装自己，让外表更能引起别人的重视。不要埋怨别人喜欢性格活泼、口才好的人，你也应该学会让自己活泼一些、能说会道一些。唱卡拉OK、跳交际舞、打高尔夫、拉小提琴……别人会的，你也应该会一点，至少要有一样拿得出手。

本领多，别人会佩服你，说你有能力。而在职场中、生活中，别人对你的肯定是你成功的重要条件。

本领多的人到处受人欢迎，他们和什么样的人打交道都不发憷，都可以畅谈，至少不至于冷场。这样的人更有机会接触各阶层的人，尤其是接触那些比自己成功的人。这样的人有一种不输给任何人的自信，有一种在任何环境中都游刃有余、迅速和大家打成一片的能力。

如果一有时间就坐在家里看电视，这当然比较舒适，也比较容易——顺流而下总是比逆流而上容易。但人生不应该在电视机前度过，你应该到外面去，多接触一些人，多做一些事。哪怕你只是拉着朋友一起去挑选衣服，做个发型、美美容，也比你坐在家里好。

不要总是说一天紧张的工作之后身心疲惫，没时间学儿这学那儿，也没时间出去逛街。时间就像海绵里的水，要挤总会有的。并且，也许你已经发现，那些要做很多事并且各方面都照顾得很好的人，他们往往看起来永远有用不完的时间。

不要总拿没时间做借口，为了不让人生处处碰壁，你必须逼着自己多学一些东西。学习的过程可以给你带来意想不到的成功感，会给你的生活带来活力。一定要让自己动起来，而不能让你的生活过早陷入沉闷和枯燥中。

也许你正在为没有机遇而焦虑。不要灰心，机遇属于有准备的人。只要你向着目标孜孜不倦地做准备，并抓住一切可利用的资源寻找机会，总有一天，机会会降临到你的身上。

在别人眼里具备了这些条件的人，比那些看起来什么都不会的懒人更容易获得成功的机会。精心管理自身、包装自己，更容易得到别人的认可。要想获得成功，你必须把自己包装成一个体面的人，一个看起来像样的人。然后渐渐地，你就真的有了成功者的心态。

终极幸福课——爱自己

在33岁那年，约翰·洛克菲勒赚到了人生中的第一个100万美元。43岁时，他建立了一个全世界规模最大的垄断企业——斯丹达石油公司。那么53岁时，他有了哪些成就呢？不幸的是，53岁的他就被忧虑俘虏了。整日的忧心忡忡与巨大的精神压力早已使他的健康衰退。为他写传记的作者温格勒说，在他53岁时，简直就像个表情麻木、手脚僵硬的“木乃伊”。

53岁时，洛克菲勒的这种病使他的头发不断脱落，即使眼睫毛也无法留下，最后只剩下寥落的几根眉毛。温格勒说：“他的健康状况糟糕极了，有段时间他只能依靠人奶维持生命。”医生们诊断他患了一种神经性脱发症，他后来不得不戴顶帽子。不久，他定做了一套价值500美元的假发，终生都没有再脱下来过。

洛克菲勒曾经身体健壮，他在农场长大，肩膀宽阔，走起路来健步如飞。

可是，在多数人岁月的巅峰阶段，即53岁时，他却已肩膀佝偻，步履蹒跚。另一位传记作家说：“当他看见镜子里的人时，看到的是一位衰弱的老人。永不停歇地工作、不断地操心忧愁，体力严重透支，失眠，缺乏休息及运动，终于使他得到惨痛的教训。作为世界顶级的富翁，他却只能靠贫民都难以下咽的简单食物为生。尽管他每周收入高达上百万美元，可他每周能吃下的食物价格连两美元都用不了。医生只允许他喝酸奶、吃几块苏打饼干。他面黄肌瘦，骨瘦如柴，毫无健康之色。花钱只能使他买到最好的医疗设备或条件，到最好的医院就医，这样勉强维持生命，不至于53岁就去世。”

为什么会这样？完全是因为忧虑过度、时常惊恐、压力太重及精神紧张。其实，是他把自己逼到了绝路的边缘。他永不停歇，一心一意地追求利润最大化。据他的员工表示，即使他赚了大钱，也不过是把帽子扔到地板上，手舞足蹈一阵。可是如果赔了大钱，他就会大病一场。有一次，一批价值4万美元的谷物需要取道大湖区水路运送，需要150美元保险费，他认为费用太高了！因此没有为货物投保。可是当晚伊利湖天气预报说会有风暴。洛克菲勒担忧货物受损，次日一早，他的合伙人一跨进办公室，就发现洛克菲勒正在那儿踱来踱去。

洛克菲勒叫道：“快点！看看我们现在投保是否来得及。”合伙人听后，直奔城里去联系保险公司，可返回办公室时，他发现洛克菲勒更闷闷不乐了。因为正好电报发到，货物平安抵达，并未受损！可是洛克菲勒得知后更生气了，因为他们刚浪费了150美元投保。后来，他因此折腾病了，只得回家卧床休息。他的生意每年营业额为50万美元，难以想象，他却能为了150美元而病倒在床上。

他无暇消遣或休闲，除了赚钱他没有有任何嗜好，他腾不出时间做其他任何事。他的合作伙伴贾德纳与另外三个朋友合买了一艘游艇，才用了2000美元，洛克菲勒不但极力反对，而且拒绝开艇出游。贾德纳看到洛克菲勒周末下午不休息，还在公司工作，就邀请他说："来吧！我们一起出海航行会对你大有好处。忘掉烦人的生意吧！找点乐趣嘛！"洛克菲勒却警告说："乔治·贾德纳，你过得太奢侈了，你在银行的信用因此受到损害，连我的信誉也受了牵连，你这样不顾后果，我们的生意怎能兴旺呢？我绝不会乘坐你的游艇，甚至连看都懒得看。"结果，周末他仍然在办公室待了整个下午。

缺乏幽默感，只顾眼前利益，是洛克菲勒工作状态的真实写照。几年后，他说："在上床前，我永远提醒自己，我的成就可能转眼变成幻影。"

即使轻松坐拥百万资产，他却在随时可能失去财富的忧虑状态下生活。忧虑一直伴随着他，损害了他的健康，这样说一点都不过分。他从不利用空闲时间享受任何娱乐，从来没有去戏院看过戏；从来不玩牌；也从不热心参加任何宴会。马克·汉纳说过："这人真是一个守财奴。"

在俄亥俄州克里夫兰市时，洛克菲勒曾有一次向邻居发出慨叹说，他"真希望能被人爱"，可是他那么薄情寡义又多疑善妒，所以没有多少人会真心喜欢他。另一位财团巨头摩根也拒绝与洛克菲勒在生意上有所往来，因为"我不喜欢这人，也不想跟他扯上任何关系"。洛克菲勒的亲弟弟对他怨恨至极，甚至把自己孩子的遗骨转移出家族墓地。他的弟弟说："我可不愿意让我的后代埋葬在受约翰控制的土地里。"洛克菲勒的下属与合作伙伴都对他又敬又怕。更可笑的是，洛克菲勒也同样害怕他们，他担心他们把公司的秘密向外界泄露。他对人从来不存半点信任之心。有一次他与一位石油提炼专家秘密签了10年的合约，要求那位专家承诺不泄露这件事，甚至不让他的妻子知道。他常说的口头禅就是：“闭嘴，好好干活！”

在宾夕法尼亚州油田上，约翰·洛克菲勒是最令人厌恶的人。曾被他无情击败的商业对手，无不想将他碎尸万段。针对他个人的威胁信如雪片般飞入办公室。他只得雇用保镖防止被人暗杀。他很鄙视这些仇恨的人和事，有一次还解嘲说：“攻击我、诅咒我！你们还是没办法对付我！”但他毕竟是个普通人，无法忍受别人不断的憎恨，也无法继续承受忧虑的重压。他的健康逐渐衰退，对这些发自身体本身的疾患，他感到极为茫然不知所措。开始时，他私下秘密处理偶尔的小毛病，希望把病痛尽早解决掉。可是，失眠、消化困难及脱发，这些表面上的症状已无法掩饰。最后，医生告诉他一个不幸的消息，他可以选择财富与忧愁，也可以选择他的寿命长短。医生警告他：再不退休，只有绝路一条。于是他退休了，可惜退休前，他的身体已被忧虑、贪婪与恐惧摧损。当美国最著名的传记女作家艾达·塔贝尔采访他时，真是吃惊不小，她写道：“他的脸饱经风霜岁月蚕食，真是我所见过的最衰老的人。”衰老？怎么会呢？洛克菲勒比麦克阿瑟将军在菲律宾作战时，还要年轻几岁呢！可他的健康状况差极了，艾达真是怜悯他。当时艾达正着手写一部著作以讨伐斯丹达石油公司。她没有理由同情这位一手创建起这个超级石油企业的首脑，然而当她看见洛克菲勒传授主日布道时那种迫切寻求他人支持的无助感时，她说："我心中涌起一种没有料到的感觉，而且感觉强烈，那就是我忽然为他难过，我明白孤寂的惶恐。"

洛克菲勒谨遵医嘱。他退休了，学着打高尔夫球，做些手工园艺，与邻居聊天闲谈、玩牌，甚至唱歌。

他还做了其他的事，温格勒说："在夜晚失眠的时候，洛克菲勒有足够的时间反思自己。"他开始为别人着想。有生以来，他终于不再想着如何赚钱，转而开始思考如何用钱为大家换来幸福。总之，洛克菲勒开始散播他的百万财富。有时，这并不是一件容易的事。他为教会捐钱时，引起全国神职人员的抗议，并且称那些钱为"赃款"，不过他还是继续慈善活动。他听说密歇根湖畔的一个学院因抵押贷款支付困难，面临停办的厄运。他投入了几百万美元，帮忙把这所学院建成了世界闻名的芝加哥大学。他也帮助黑人，为黑人大学捐资。他甚至为扑灭钩虫提供支援。当钩虫权威史专家泰尔声称治疗一个病人需50美分时，希望有人能捐出巨额资金，帮助捕杀在美国南方肆虐的钩虫时，洛克菲勒带头捐出百万美元，拯救南方受害的群众。

谈到这一段，我充满感激之情，因为洛克菲勒基金会曾经有恩于我。我记得很清楚，那是1932年北京流行霍乱时，我正在中国旅行，中国大量农民因此死去。幸运的是，我们能向洛克菲勒医学中心申请疫苗注射，使自己幸免于难。中国人也跟外国人一样，享有同样获取求助的权利与资格。那是我第一次真正感受到洛克菲勒的财富能为全世界造福。

洛克菲勒基金会的设立是史无前例的，前所未有的。洛克菲勒明白，世界各地的有识之士都在为许多有意义的活动作贡献。许多研究项目随时都在进行中，有人成立大学，有许多医生正致力于与各种病魔作斗争，可因经费缺乏而壮志难酬的情况太常见了。于是，他决心帮助这些有识之士，向他们提供经费，而不是收购项目。今天，盘尼西林及其他数十种都是用洛克菲勒基金经费而完成的发明。我们应该为此真诚地感谢洛克菲勒。从前因患脑膜炎的儿童的死亡率曾高达五分之四，现在我们的子女不再受到脑膜炎的威胁，这就是洛克菲勒的功劳。

由于洛克菲勒的资助，我们才能对肆虐全球的疾病如肺结核、疟疾、流行性感冒与白喉进行有力对抗。

后来洛克菲勒怎样呢？当他行善事、散尽无数财富之后，心灵是否回归平和宁静了呢？答案是肯定的，他终于感到真正的幸福与满足。有人说："如果大家对洛克菲勒的印象还停留在斯丹达石油公司的时代，那你就错了。"

洛克菲勒心胸开阔，生活幸福了，他彻底转变成无忧无虑的人了。而且，当他遭受事业的失败挫折时，也不会因此牺牲一晚的安眠之夜。这个重击是他一手创立的斯丹达石油公司被勒令罚款，这是有史以来最巨额的一笔罚款。美国政府裁定斯丹达石油公司的垄断违反了美国《反托拉斯法》。这场诉讼纠缠了5年，全美最杰出的律师界英才都加入了这场有史以来最持久的法庭争辩，但最终还是斯丹达石油公司败诉了。

法官宣布这一判决时，所有律师都担心洛克菲勒难以承受，显然他们并不了解他的变化。

那天晚上，一位律师打电话通知洛克菲勒这个判决结果。他尽可能语气镇定地叙述这个败诉判决，接着他讲出心中的顾虑："洛克菲勒先生，希望你不要因为这个判决难过，祝您今晚睡个好觉。"

洛克菲勒立即答道："约翰逊先生，别担心，我会好好睡觉的。你放心吧，晚安！"

这位曾为150美元而失眠的人居然说出这样的话！洛克菲勒用了半生的时间才学会如何放下。53岁时，他差点因此丧命，最后却活到98岁高寿。